159 コンクリートライブラリー

石炭灰混合材料を地盤・土構造物に利用するための技術指針（案）

土 木 学 会

Concrete Library 159

Guideline on Design, Manufacture and Construction Methods of Coal Ash Mixed Material for Geomaterial

March, 2021

Japan Society of Civil Engineers

はじめに

　土木学会コンクリート委員会では，土木系コンクリート構造物の設計・施工・維持管理の原則と標準を示す「コンクリート標準示方書」をはじめとして，「指針」，「マニュアル」など，特定の技術，工法，材料などについて，専門に設置された小委員会により時間をかけて調査・検討した成果を取りまとめた技術文書をコンクリートライブラリーとして広く世の中に提供している．コンクリートライブラリーには，コンクリート標準示方書を補完する役割のものだけでなく，コンクリート分野と他分野との横断的な内容を扱うものもある．この「石炭灰混合材料を地盤・土構造物に利用するための技術指針（案）」は後者の範疇にあり，コンクリート用混和材として実績のある石炭灰（フライアッシュ）を，セメントや水と混合した地盤材料として地盤・土構造物に利用するための技術指針である．

　土木学会コンクリート委員会は歴代，産業界と連携しコンクリート用混和材としてのフライアッシュの利用について力を注ぎ体系的な研究を行ってきた．これまでに多くの指針などが取りまとめられ，我が国におけるフライアッシュの利用に貢献してきた．しかし，品質調整されてコンクリート用混和材として利用されている石炭灰は発生総量からすると一部であって，現在では資源の有効活用の観点からそれ以外の石炭灰についてもインフラ分野への利用技術の確立が求められている．そのような中，土木学会では石炭灰混合材料の地盤材料・土構造物への適用のための技術指針を策定することとなり，その検討母体をコンクリート委員会が担うこととなった．コンクリート委員会のフライアッシュの利用に関する経験と技術の蓄積が有効に活用されることが意図されていたためと思う．

　本指針（案）は，電力各社と一般財団法人石炭エネルギーセンター（JCOAL）からの委託を受け，コンクリート委員会内に設置された「石炭灰混合材料の設計施工および環境安全性評価に関する研究小委員会」により作成された．取りまとめの労をお取り頂いた久田　真　委員長（東北大学），佐藤研一　副委員長（福岡大学），石田哲也　幹事長（東京大学），井野場誠治　幹事（電力中央研究所，委託側），山本武志　幹事（同，委託側）ならびにご尽力いただいた委員各位に心より御礼申し上げる．

令和 3 年 3 月

土木学会　コンクリート委員会

委員長　下村　匠

序

エネルギー資源の乏しい我が国においては，電力エネルギーの確保は長年にわたって喫緊の課題となっている．特に，2011年に発生した東日本大震災以降，原子力発電の存続の議論とともに自然エネルギーの開発・普及をはじめ，増大し続ける電力需要にいかに対応していくかについて，様々な検討がなされている．電力エネルギーの安定的な確保については，国連が推進する持続可能な達成目標（SDGs）として国際的にも重要事案となっているが，その一方で，地球温暖化への対応や長期的な環境保全の観点から，それぞれの事情を踏まえつつ，世界各国が政策レベルも含めて様々な検討を講じているのが現状である．

さて，土木工学における建設材料は，我が国のこれまでの社会資本整備のみならず，我が国の資源循環において極めて大きな役割を果たしてきた．特に，地盤材料においては，材料製造，施工，環境安全性の評価等に関する技術の進歩により，建設分野だけでなく他産業において産出される様々な副産物を有効活用し，地域ならびに社会のニーズに合致した安全・安心な構造物を構築してきた．先述の電力エネルギーの議論においても，石炭火力発電所から発生する石炭灰の有効利用先として建設材料への利活用が期待されており，近年では，建設業，セメント製造業，電力事業など，関連産業を包括した分野横断的な資源循環の枠組みを構築することが強く求められている．

コンクリート用混和材としての石炭灰（フライアッシュ）については，JIS A 6201として標準化されているが，年間約900万トン規模で発生する電力会社からの石炭灰のうち，本規格に適合させて販売しているコンクリート用フライアッシュは年間約30万トンとわずかであり，これ以外の石炭灰（品質調整されていないフライアッシュとクリンカアッシュ）については，その大半をセメント原材料として利用している．また，混和材用途以外の石炭灰については，セメント原材料以外の処理先確保等の観点から，セメントや水等と混合した地盤材料（以下，石炭灰混合材料）として活用しており，今後，公共工事等での更なる利用拡大が期待されている．これまでに，石炭灰混合材料の設計・施工に関する各種ガイドラインが一般財団法人石炭エネルギーセンター（JCOAL）より発刊されているが，自治体・建設業界等のユーザーにおける認知度の更なる向上と現場適用に対する検討が強く求められている状況にある．

このような背景から，土木学会では，石炭灰混合材料の設計・施工にかかわる技術の一般化とともに，地盤材料としての利用を想定した石炭灰混合材料に特化した環境安全性の評価方法を整理し織り込む等，広い視点から既存のガイドラインを更にレベルアップさせた技術指針を新たに策定することを目的として，2017年6月にコンクリート委員会に石炭灰混合材料の設計・施工および環境安全性評価に関する研究小委員会を設置した．なお，本委員会は，電力各社とJCOALからの委託を受けたものである．

本指針（案）の作成にあたり，委員会活動に終始ご尽力を頂いた佐藤研一 副委員長（福岡大学），石田哲也 幹事長（東京大学），山本武志 幹事（電力中央研究所），井野場誠治 幹事（電力中央研究所）ならびに各部会の主査および委員各位に厚く御礼申し上げるとともに，委員会活動にご協力いただいた企業各社に対し感謝の意を表する次第である．

令和3年3月

土木学会　コンクリート委員会
石炭灰混合材料の設計施工および環境安全性評価に関する研究小委員会
委員長　久田　真

土木学会 コンクリート委員会 委員構成

（平成 29 年度・平成 30 年度）

顧　問　石橋　忠良　　　魚本　健人　　　阪田　憲次　　　丸山　久一

委員長　前川　宏一

幹事長　小林　孝一

委　員

△綾野　克紀	○石田　哲也	○井上　　晋	○岩城　一郎	○岩波　光保	○上田　多門
○宇治　公隆	○氏家　　勲	○内田　裕市	○梅原　秀哲	梅村　靖弘	遠藤　孝夫
○大内　雅博	大津　政康	大即　信明	岡本　享久	春日　昭夫	△加藤　佳孝
金子　雄一	○鎌田　敏郎	○河合　研至	○河野　広隆	○岸　　利治	木村　嘉富
△齊藤　成彦	○佐伯　竜彦	○坂井　悦郎	△坂田　　昇	佐藤　　勉	○佐藤　靖彦
○下村　　匠	須田久美子	○武若　耕司	○田中　敏嗣	○谷村　幸裕	○土谷　　正
○津吉　　毅	手塚　正道	土橋　　浩	鳥居　和之	○中村　　光	△名倉　健二
○二羽淳一郎	○橋本　親典	服部　篤史	○濵田　秀則	原田　修輔	原田　哲夫
○久田　　真	○平田　隆祥	○本間　淳史	福手　　勤	○松田　　浩	○松村　卓郎
○丸屋　　剛	三島　徹也	※水口　和之	○宮川　豊章	○睦好　宏史	○森　　拓也
○森川　英典	○山路　　徹	○横田　　弘	吉川　弘道	六郷　恵哲	渡辺　忠朋
渡邉　弘子	○渡辺　博志				

（五十音順，敬称略）
○：常任委員会委員
△：常任委員会委員兼幹事
※：平成 30 年 9 月まで

土木学会 コンクリート委員会 委員構成

（平成 31（令和元）年度・令和 2 年度）

顧　問　石橋　忠良　　　魚本　健人　　　梅原　秀哲　　　坂井　悦郎　　　前川　宏一
　　　　丸山　久一　　　宮川　豊章　　　睦好　宏史

委員長　下村　　匠

幹事長　加藤　佳孝

委　員

○綾野　克紀	○石田　哲也	○井上　　晋	○岩城　一郎	○岩波　光保	○上田　隆雄
○上田　多門	宇治　公隆	○氏家　　勲	○内田　裕市	梅村　靖弘	△大内　雅博
春日　昭夫	金子　雄一	○鎌田　敏郎	○河合　研至	○河野　広隆	○岸　　利治
木村　嘉富	国枝　　稔	○小林　孝一	○齊藤　成彦	斎藤　　豪	○佐伯　竜彦
佐藤　　勉	○佐藤　靖彦	島　　　弘	○菅俣　　匠	杉山　隆文	武若　耕司
○田中　敏嗣	○谷村　幸裕	玉井　真一	○津吉　　毅	鶴田　浩章	土橋　　浩
○中村　　光	○名倉　健二	○二井谷教治	二羽淳一郎	橋本　親典	服部　篤史
○濱田　秀則	濱田　　譲	○原田　修輔	原田　哲夫	○久田　　真	日比野　誠
○平田　隆祥	△古市　耕輔	○細田　　曉	○本間　淳史	△牧　　剛史	○松田　　浩
○松村　卓郎	○丸屋　　剛	三島　徹也	○宮里　心一	○森川　英典	○山口　明伸
△山路　　徹	△山本　貴士	○横田　　弘	渡辺　忠朋	渡邉　弘子	○渡辺　博志

（五十音順，敬称略）

○：常任委員会委員

△：常任委員会委員兼幹事

土木学会　コンクリート委員会

石炭灰混合材料の設計施工および環境安全性評価に関する研究小委員会　委員構成

委員長　　久田　　真　東北大学
副委員長　佐藤　研一　福岡大学
幹事長　　石田　哲也　東京大学

幹　事

井野場誠治 (一財)電力中央研究所　　　　　　　山本　武志 (一財)電力中央研究所

委　員

乾　　　徹 大阪大学　　　　　　　　　　　佐野　良久 ㈱高速道路総合技術研究所
風間　基樹 東北大学　　　　　　　　　　　猿橋　淳子 資源エネルギー庁
唐木　健次 大成ロテック㈱　　　　　　　　龍原　　毅 パシフィックコンサルタンツ㈱
川口　正人 清水建設㈱　　　　　　　　　　中川　康之 九州大学
川端　淳一 鹿島建設㈱　　　　　　　　　　中村　謙吾 東北大学
菊池　喜昭 東京理科大学　　　　　　　　　半井健一郎 広島大学
古賀　裕久 (国研)土木研究所　　　　　　　藤川　拓朗 福岡大学
近藤　　修 国土交通省　　　　　　　　　　水谷　崇亮 (国研)海上・港湾・航空
坂井　悦郎 東京工業大学　　　　　　　　　　　　　　　　技術研究所
坂本　　守 ㈱安藤・間　　　　　　　　　　門間　聖子 応用地質㈱
肴倉　宏史 (国研)国立環境研究所　　　　　山崎　智弘 東洋建設㈱

旧委員

岩崎　福久 国土交通省　　　　　　　　　　常山　修治 国土交通省

（五十音順，敬称略）

環境安全品質 WG

主　査　　肴倉　宏史　　（国研）国立環境研究所

委　員

乾	徹	大阪大学	齋藤	茂	酒田 FRC 有限責任事業組合
大城	朝陽	沖縄電力㈱	坂井	悦郎	東京工業大学
大中	昭	(一財)石炭エネルギーセンター	笹岡	満	北海道電力㈱
鍵本	広之	電源開発㈱	猿橋	淳子	資源エネルギー庁
川口	正人	清水建設㈱	柴田	学	㈱JERA
川端	淳一	鹿島建設㈱	中川	康之	九州大学
菊地	俊幸	日本フライアッシュ協会	中村	謙吾	東北大学
菊池	喜昭	東京理科大学	春口	雅寛	九州電力㈱
古賀	裕久	(国研)土木研究所	藤川	拓朗	福岡大学
小林	克夫	東北電力㈱	門間	聖子	応用地質㈱

旧委員

権守	英樹	東京電力フュエル&パワー㈱	仲嵩	貴	沖縄電力㈱
志水	義彦	北海道電力㈱	比嘉	守	沖縄電力㈱
高橋	正樹	(一財)石炭エネルギーセンター	藤田	裕之	東北電力㈱
高橋	守男	日本フライアッシュ協会			

（五十音順，敬称略）

コンクリートライブラリー159

石炭灰混合材料を地盤・土構造物に利用するための技術指針（案）

目　　次

本　編

参　考

付　録

本編

1章　総　　則

1.1　一　　般

　この指針（案）は，地盤材料として用いる石炭灰混合材料の特徴と品質の検査方法，および石炭灰混合材料を用いた地盤・土構造物の設計・施工に関する留意点を示したものである．

【解　説】　1991年に制定された「資源の有効な利用の促進に関する法律（平成三年法律第四十八号）」に基づき，石炭灰が利用を促進すべき指定副産物に定められたこと等から，電力会社を中心に積極的に石炭灰の有効利用が進められている．しかし，石炭灰は石炭火力発電所のある地域を中心に流通する素材であることや，石炭灰のような産業副産物を主原料として使用した製品の環境安全品質の確認方法が一般に定着していないこと等の理由により，セメント分野以外での利用は停滞している．石炭灰にセメント，固化材，水等を混合した材料は石炭灰混合材料と呼ばれており，主に地盤材料として用いられている．石炭灰混合材料は石炭灰を主原料としているため特有の化学的および物理的特性があり，これを生かすことで，天然の土砂材料よりも優れた材料となり得る．この指針（案）の策定は，石炭灰混合材料の地盤材料としての利活用の拡大に寄与するものであると考えられる．

　この指針（案）は，地盤材料として用いる石炭灰混合材料の特徴と品質の検査方法を示すとともに，これを用いた地盤・土構造物の設計・施工に関する留意点を示したものである．この指針（案）の記載事項を**解説　図**1.1.1に示す．工事内容の決定後，工事の目的を踏まえて，石炭灰混合材料の利用可能性を検討する．対象工事において実施が予定される工種・用途を確認した後，石炭灰混合材料が品質の面から対象工事に適しているかを確認し，選定した石炭灰混合材料の調達方法を検討した後，適切な工法により施工を行う（**2章**，**3章**）．この時，施工には型式検査および受渡検査等により所定の品質を満足していることを確認した石炭灰混合材料を用いる（**4章**）．なお，実際の設計および施工業務等にあたっては，それぞれの地盤・土構造物の用途に応じた技術基準類（参考となる関係技術基準類の例を巻末の**参考**に示す）に従うものとするが，これらの多くは天然材料を前提として書かれているので，天然材料と石炭灰混合材料の違いについて理解した上で検討しなければならない．また，石炭灰混合材料の性状や調達可能量は，製品により異なるため，利用の際には注意が必要である．使用を検討する際には，事前に調達可能量を確認するとともに，実際に使用する石炭灰混合材料について試験等を行い，必要な物性値，強度等を確認することが望ましい．

総則および用語の定義（1章）

石炭灰混合材料の形態と特性（2章）

石炭灰混合材料を用いた地盤・土構造物の設計・施工における検討事項と留意点（3章）	石炭灰混合材料の品質に係る検査（型式検査・受渡検査）（4章）

解説　図 1.1.1　本指針（案）の記載事項

1.2 用語の定義

この指針（案）で用いる用語を次のように定義する.

石炭灰：石炭の燃焼により発生する無機成分を主体とする灰粒子.

フライアッシュ：微粉炭燃焼ボイラの燃焼ガスから電気集じん器（EP）で回収された石炭灰. この指針（案）では，「湿灰」または「エージング灰（既成灰）」と呼ばれる加湿した状態のフライアッシュについても対象とする.

循環資材：建設分野に利用される循環資源.

石炭灰混合材料：石炭灰にセメント，水，必要に応じて土砂，石膏等を混合した材料全般を指し，地盤・土構造物に用いられるほか，建材，ブロック等としても用いられる. なお，この指針（案）で対象とする石炭灰混合材料は，フライアッシュを主原料とし，地盤・土構造物に用いられるものに限定する. 以下，この指針（案）では，フライアッシュを主原料とする石炭灰混合材料を単に「石炭灰混合材料」または「材」という. 石炭灰混合材料は，その形態によって，粒状材，塑性材，スラリー材に大別される.

粒状材：製造プラント（工場）で粒状の材料として製造・出荷され，敷均し・締固めあるいは単に敷設することにより施工する石炭灰混合材料. 製造方法は大きく2種類に分けられ，原料を練り混ぜて固化させた後に破砕する方法と，原料を練り混ぜて造粒してから固化させる方法がある. 前者を破砕材，後者を造粒材と呼ぶ.

塑性材：未固化の状態で土砂状を呈し，固化前に敷均し・締固めにより施工する石炭灰混合材料.

スラリー材：未固化の状態でスラリー状を呈し，固化前に圧送・打設することで施工する石炭灰混合材料.

検　　査：対象とする試料の品質があらかじめ定めた判定基準に適合しているか否かを判定する行為. 検査は，型式検査と受渡検査の二段階で行うことを基本とする.

型式検査：製造される石炭灰混合材料の品質が，目標とする品質に適合しているかを判定するための検査.

受渡検査：施工される石炭灰混合材料が，型式検査に合格したものと同等の品質を有しているかを判定し，品質を保証するための検査.

環境安全品質：石炭灰混合材料を施工することで影響を受ける周辺環境が，当該の環境基準等を達成するために配慮される品質.

環告46号試験：平成3年環境庁告示第46号の付表に定める溶出試験.

環告18号試験：平成15年環境庁告示第18号に定める溶出試験. 検液の作成方法は環告46号試験による.

環告19号試験：平成15年環境省告示第19号に定める含有量試験.

環告14号試験：昭和48年環境庁告示14号に定める溶出試験.

JIS K 0058-1 試験：JIS K 0058-1 の5に定める利用有姿の溶出試験.

JIS K 0058-2 試験：JIS K 0058-2 に定める含有量試験.

一般用途：石炭灰混合材料の用途のうち，港湾用途を除く土木・建築工事用の用途.

港湾用途：石炭灰混合材料の用途のうち，海水と接する港湾の施設またはそれに関係する施設で使用される用途.

検査報告書：石炭灰混合材料の物理特性，力学特性，環境安全性等に関わる型式検査および受渡検査の結

果を記した報告書.

発注者：土木工事または建築工事を発注した官公庁，地方自治体または民間の施主.

製造者：石炭灰混合材料の製造者.

施工者：発注者との間に工事管理に関する請負契約を行った者.

施設管理者：石炭灰混合材料を施工した施設の管理者.

改良体：地盤の強度と安定性を確保するために築造または置換した部分.

【**解　説**】　石炭灰について　石炭には5〜30%の灰分が含まれており，燃焼に伴い石炭灰として回収される．石炭灰は，電気業における石炭火力発電所から発生するほか，パルプ・紙・紙加工品製造業，化学工業，窯業・土石製品製造業，鉄鋼業等，石炭燃焼ボイラを持つ産業から発生する．石炭燃焼ボイラには，ストーカ燃焼ボイラ，流動層（流動床）燃焼ボイラおよび微粉炭燃焼ボイラ等があるが，国内の石炭火力発電所の多くは，燃焼性が良く，大型化にも対応する微粉炭燃焼ボイラが採用されている．本方式で発生する石炭灰は，回収される場所によってクリンカアッシュ，シンダアッシュ，フライアッシュに大別される（**付録Ⅱ**）.

フライアッシュについて　微粉炭燃焼方式のボイラでは，50%粒径が数十μmになるように粉砕した石炭と空気をボイラ内に噴出し，燃焼させることでエネルギーを得ている．1,200〜1,600 ℃に加熱されたボイラ内では，溶融状態になった灰粒子が高温の燃焼ガスとともに煙道下流に移動し，電気集じん器（EP）で回収される．EPで回収される石炭灰はフライアッシュと呼ばれ，概ね90%以上が径0.1 mm以下の粒子で構成され，炭種により多少の差異はあるもののSiO_2（42〜79%），Al_2O_3（17〜36%），Fe_2O_3（1〜18%）等を主な化学成分に持つ．なお，フライアッシュのうち，コンクリート混和材，セメント混合材等に用いられるものについては，JIS A 6201「コンクリート用フライアッシュ」で品質が規定されており，成分，粉末度，強度発現性等の観点からⅠ〜Ⅳ種に等級分けされている．この指針（案）の指すフライアッシュは，JIS A 6201に規定するコンクリート用フライアッシュに限らず，EPで回収されたフライアッシュ全般を含む．なお，フライアッシュは乾いた状態で運搬，貯蔵される場合と，湿らせた状態で運搬，貯蔵される場合とがある．両者を区別する際は，それぞれ乾灰，湿灰と称し，特に湿らせた状態で概ね1か月以上置かれた湿灰をエージング灰（既成灰）と称する.

循環資材について　循環型社会形成推進基本法（平成十二年法律第百十号）において，廃棄物等のうち有用なものは循環資源と称される．循環資源は「その処分の量を減らすことにより環境への負荷を低減する必要があることにかんがみ，できる限り循環的な利用が行われなければならない（第六条第1項）」，「循環資源の循環的な利用及び処分に当たっては，環境の保全上の支障が生じないように適正に行われなければならない（第六条第2項）」とされる．循環資材は，特に建設分野に用いられる循環資源を指す.

検査について　対象とする試料の物理特性，力学特性，環境安全性等について，判定基準を基に判断する行為で，検査項目，検査の目的，検査の実施者，試験方法，試験頻度がともに示されているものを指す.

型式検査について　石炭灰混合材料の型式検査は，石炭灰混合材料の品質を判定するために行う検査である．型式検査では，配合設計で決定した配合で作製した供試体を用いて試験を行い，要求される品質への適合を判定する．供試体の製造は製造者が行い，試験は原則として製造者，または製造業者から委託を受けた試験事業所または計量証明事業所が実施する．型式検査は製品の繰り返し製造が始まる前に実施することを基本とする．すなわち，粒状材は配合設計後，製品の製造に先立って作製した供試体を用いて実施し，塑性材とスラリー材についても，配合設計後，製品の製造に先立って作製した供試体を用いて，製品の製造・施工前に実施することを原則とする．型式検査は繰り返し製造開始後，配合設計の大幅な見直しがない場合で

も，年1回以上実施し，要求される品質への適合を確認する．検査結果は検査報告書に記載する．

　受渡検査について　施工に用いられる石炭灰混合材料が型式検査に合格したものと同等の品質を有しているかを判定し，品質を保証するための検査である．受渡検査は，出荷される製品，または現場で施工される製品を用いて，要求される品質への適合を判定する．型式検査で規定した検査項目および基準を基本とするが，受渡当事者間の協議によって検査項目の一部を省略することができる．試料採取方法および頻度は，受渡当事者間の協議によって定める．試験は原則として製造者，または製造業者から委託を受けた試験事業所または計量証明事務所が実施する．検査結果は検査報告書に記載する．

　環境安全品質について　フライアッシュなど産業活動に伴って発生する副産物は積極的な利用が求められているが，これらは周辺への環境安全性に配慮すべき化学物質を含むことがある．そのため，副産物の利用に際して確保すべき環境安全性に関わる品質を環境安全品質と称する．この指針（案）では，2012年に経済産業省産業技術開発局の示した「コンクリート用骨材又は道路用等のスラグ類に化学物質評価方法を導入する指針に関する検討会総合報告書」（以降，検討会総合報告書）の考え方に基づき，利用用途ごとに石炭灰混合材料が満足すべき環境安全品質を規定する．詳細は**4章**を参照のこと．

　一般用途および港湾用途について　石炭灰混合材料の用途を表し，一般用途と港湾用途では環境安全品質に関わる基準が異なる．港湾用途は，海水と接する港湾の施設またはそれに関係する施設で使用される用途を指し，一般用途は港湾用途以外の土木，建築工事に用いられる用途を指す．なお，港湾に使用する場合であっても一般用途での再利用を予定する場合は，一般用途として取り扱う．

　検査報告書について　型式検査および受渡検査で測定した物理特性，力学特性，環境安全性等，石炭灰混合材料製品の品質に関わる検査記録を記載した報告書で，試験成績書またはミルシートと呼ばれる場合もある．原則として石炭灰混合材料の製造者が作成し，発注者と施工者は，検査報告書により製品の品質を確認する．

　発注者について　この指針（案）では，建設業法（昭和二十四年法律第百号）第二条第5項に定める発注者に相当する土木工事または建築工事を発注した官公庁，地方自治体または民間の施主を指す．仕事を発注している元請負人や下請負人は発注者に含めない．

　製造者について　石炭灰混合材料の製造者．なお，塑性材，スラリー材の場合，製造者と施工者が同一の場合がある．

　施工者について　発注者との間に工事管理に関する請負契約を行った者，すなわち元請負人で，工事全体のとりまとめを行う建設業者．

　施設管理者について　本指針（案）では，石炭灰混合材料を施工した地盤または道路等を管理する主体となる者を施設管理者と称す．なお，施設管理者からの委託により施設を直接管理する者は，施設管理者に含めない．

2章　石炭灰混合材料の形態と特性

2.1　一　　般

（1）　石炭灰混合材料は，フライアッシュにセメント等固化材，水，必要に応じて土砂，石膏等を混合して製造する．

（2）　地盤材料として使用する石炭灰混合材料は，その形態により，粒状材，塑性材およびスラリー材に大別される．

【解　説】　（1）について　この指針（案）で対象とする石炭灰混合材料は，フライアッシュを主原料とし，セメント等固化材，水，必要に応じて土砂，石膏等副添加材を混合した人工の地盤材料である．原料を混合した後は，セメントの水和反応や，セメントによるフライアッシュのポゾラン反応によって硬化する．主原料であるフライアッシュは，土砂や岩石と同様に，主にSi（ケイ素），Al（アルミニウム），Fe（鉄）等で構成されるが，土砂よりも粒子密度は小さい．このため，粒子密度で比較すると，石炭灰混合材料は一般に土砂と同等もしくそれより小さい点が一つの特徴となっている．さまざまな物理性状や力学特性等を持つ石炭灰混合材料が開発されており，構築しようとする地盤形態や施工性等を勘案して，使用する石炭灰混合材料を選択することで，適用箇所に求められる仕様を満たした地盤を容易に構築することができる．なお，フライアッシュは乾灰，湿灰，エージング灰（既成灰）のいずれの状態のものも使用できる．ただし，湿灰やエージング灰（既成灰）を使用する場合は，あらかじめ含水比を測定して添加する水量を調整する必要がある．また，長時間含水したフライアッシュは固結することがあり，使用時に粉砕等による粒度調整が必要となる場合があることに留意する．

　（2）について　地盤材料として利用される石炭灰混合材料は，その形態と製造・施工過程の違いから粒状材，塑性材およびスラリー材に大別される．概要を**解説　表2.1.1**に示す．粒状材は砕石・粗粒土に，塑性材はセメント改良土に，スラリー材は気泡混合軽量土や流動化処理土に類似した地盤材料として用いることができる（施工事例は**付録Ⅴ**を参照）．石炭灰混合材料の粒度分布，乾燥密度，含水比，せん断抵抗角等の物理特性および力学特性は，石炭灰混合材料の製造方法と品質管理により，ある程度の範囲で調整することができる．

　石炭灰混合材料の土質工学的な特性を**解説　表 2.1.2** に示す．地盤工学会の定める JGS 0051「地盤材料の工学的分類方法」において，地盤材料を起源で区分する場合，石炭灰混合材料は[A]（人工材料）に分類され，中分類では塑性材とスラリー材は{I}（改良土）に相当する．また，粒状材を粒径で区分すると，[G]（礫質土）または[S]（砂質土）に相当する．固化体としての石炭灰混合材料の透水性はシルト相当であるが，粒度調整を行った粒状材では透水性を高くすることができる．その他の特徴として，吸水性が高く，最適含水比は天然土砂よりも高い傾向がある点が挙げられる．

解説 表 2.1.1　この指針（案）が対象とする石炭灰混合材料

形態（種別）		概要（主な製造方法）	写真（例）
粒状材	破砕材	フライアッシュにセメント等固化材，水，必要に応じて副添加材，土砂等を混合して一旦固化させた後，掘削・破砕した地盤材料	
	造粒材	フライアッシュにセメント等固化材，水，必要に応じて副添加材，土砂等を加えて造粒して製造した地盤材料	
塑性材		施工場所近傍において，フライアッシュにセメント等固化材，水，必要に応じて副添加材，土砂等を撹拌混合して製造し，固化前に敷均し，締固めにより施工する地盤材料．固化後は一体化した固化体を形成する．	
スラリー材		施工場所近傍において，フライアッシュにセメント等固化材，水，必要に応じて副添加材，土砂等を撹拌混合して製造し，固化前はスラリー状を呈する地盤材料．固化前に圧送，打設することで施工し，固化後は一体化した固化体を形成する．	

解説 表 2.1.2　石炭灰混合材料の土質工学的な特性と効果

特性	効果		
	粒状材	塑性材	スラリー材
工学的分類	・人工材料[A]（礫質土[G]または砂質土[S]）※	・人工材料[A] 改良土{I}	・人工材料[A] 改良土{I}
力学特性	・通常の砕石や土砂と同等	・改良土と同等 ・固化することで一体化し，液状化を防止	・流動化処理土と同等 ・固化することで一体化し，液状化を防止
軽量性	・盛土荷重低減 ・土圧低減 ・沈下防止 ・運搬・施工効率の向上	同左	同左
透水性	・粒度によっては透水性に優れ，サンドコンパクションパイル，サンドドレーン等排水材にも適用可能	・低透水性	・低透水性
その他	・吸水によるトラフィカビリティ改善，泥岩等のスレーキング低減 ・粉塵低減	・吸水によるトラフィカビリティ改善 ・粉塵低減	・高流動性を有し，充填材等として適用可能 ・粉塵低減

※起源ではなく，粒径で区分した場合

a) 粒状材

　粒状材は，固化，粒度調整された状態で出荷・施工される地盤材料であり，土砂または砕石の代替材料として用いられることが多い．**解説 表 2.1.3** に粒状材の標準的な配合例を示す．土砂の代替として用いられる粒状材は，一般に砂質土から礫質土に相当するせん断強さと圧縮性を有し，盛土材や路床材等に適用可能である．また，砕石代替として用いられる粒状材は，再生路盤材としての力学特性を確保するため，セメント添加率が土砂代替用の粒状材と比べやや高めになっている．いずれも固化後，粒度調整を行うため，粒度構成によっては，透水性などの必要な特性を付加することもできる．

　粒状材は製造方法の違いにより破砕材と造粒材に分けることができる．破砕材は，フライアッシュにセメント等固化材，水，必要に応じて土砂等を混合して練り混ぜた後，ブロック状または盛土状に締め固めて固化させ，その後，クラッシャ等で破砕し，粒度調整を行うことで製造する．一方，造粒材は，原料を練り混ぜた後，造粒・固化することで製造する．製造・出荷までのフローを品質検査と併せて**解説 図 2.1.1** に示す．製品の製造に先立ち配合設計と型式検査を行い，要求品質への適合を確認した後，製造プラント（工場）で製造を行う．製品は型式検査と受渡検査の結果が記された検査報告書とともに出荷され，工事に使用される．

解説 表 2.1.3　標準的な粒状材の配合例（質量比）

| | フライアッシュ | 固化材 | | 水 | その他
（土砂等） |
		セメント	副添加材 （消石灰，石膏等）		
土砂代替	100	4〜8	0〜10	最適含水比程度※ （20〜40 程度）	0〜
砕石代替	100	15〜30	0〜	〃	0〜

　※フライアッシュ単味で締固め試験を行うことで求めた最適含水比

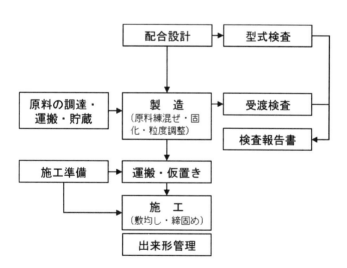

解説 図 2.1.1　粒状材の製造・施工および品質検査フロー

b) 塑性材

　塑性材は，固化前の土砂状を呈した状態の時に敷均し・締固め施工される石炭灰混合材料で，固化後は一体化した固化体になることで，地盤や盛土等に必要な物理特性と力学特性を発現する．塑性材は，セメント改良土と同様に，固化前は一般的な地盤材料と類似した性質を有しているが，セメント水和反応により徐々

に硬化するため，材齢とともに一軸圧縮強さが増加する特徴を有する．なお，強度の発現性は，気温（養生温度）が高いほうが活発である．

　標準的な塑性材の配合例を**解説 表 2.1.4** に示す．塑性材は，フライアッシュにセメント等固化材，水，必要に応じて土砂等を加えてミキサで混合することで製造される．製造・施工および品質検査のフローを**解説 図 2.1.2** に示す．製造に先立ち配合設計と型式検査を行い，目的に応じた物理特性，力学特性および環境安全性を確保するための配合条件を求める．その後，施工場所近傍に設置した製造プラント等において，型式検査に適合した配合条件に基づいて原料を混合，練り混ぜする．硬化する前にダンプトラック等で施工場所まで運搬し，ブルドーザ等で敷き均した後，振動締固め機等で締め固める．製造後または施工後，製品の一部を採取して受渡検査を実施し，品質の確認を行う．塑性材は粒状材と異なり硬化前に施工されるため，**解説 図 2.1.2** に示したように，塑性材の施工後に，受渡検査の結果の記された検査報告書が提出される．なお，検査報告書は定められた手順通りに施工した場合の材料（製造した製品）としての検査結果を記したものであり，施工状況の検査は含まれていない．

解説 表 2.1.4　標準的な塑性材の配合例（質量比）

| フライアッシュ | 固化材 | | 水 | その他
（土砂等） |
	セメント	副添加材 （消石灰，石膏等）		
100	4〜10	1〜2	最適含水比程度※ （20〜40 程度）	0〜

1m³ 当たりの配合例は，**解説 表 3.3.1** 参照
※フライアッシュ単味で締固め試験を行うことで求めた最適含水比

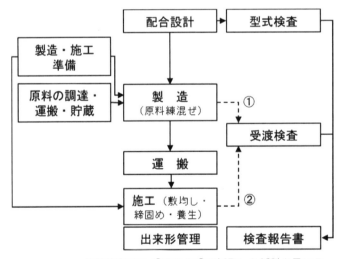

受渡検査には，①または②で採取した試料を用いる

解説 図 2.1.2　塑性材の製造・施工および品質検査フロー

c) スラリー材

　スラリー材は，固化前は高い流動性と充填性を持ち，圧送・打設することで施工される石炭灰混合材料である．スラリー材を地盤や盛土等の改良体として用いる場合，適用箇所に求められるせん断強さや粘着力，支持力などの物理特性に加えて，施工に必要となる流動性を満たすように配合設計を行い，この結果に基づいて施工場所近傍で原料を混合，練り混ぜし，改良部位に圧送・打設する．固化後は一体化した固化体にな

ることで必要な物理特性を有する改良体が構築される.

　スラリー材は，フライアッシュにセメント等固化材，水等を加えてミキサで混合することで製造される. フライアッシュは大部分の粒径がシルト相当の微細粒子であり，スラリー材として混合が容易である.また, 自硬成分を有している場合が多いため，セメント量の低減に寄与できる. さらに，流動性を有した状態で打設するため，打設箇所への充填性に優れている. 必要に応じて硬化促進剤，減水剤などの添加剤を加える場合や，土砂等を混合する場合もある. その他，気泡材を加えて軽量化する場合や，ベントナイトや短繊維材を混合して遮水材とする場合もある.

　標準的なスラリー材の配合例を**解説 表 2.1.5** に示す. 主にバッチ式の製造プラントで製造され，コンクリートポンプにて圧送して，打設箇所に充填する. 打設量を多くする場合は連続式の製造プラントを使用する場合がある. スラリー材の製造・施工および品質検査のフローを**解説 図2.1.3**に示す. 製造に先立ち配合設計と型式検査を行い，目的に応じた物理特性，力学特性および環境安全性を確保するための配合条件を求める. その後，施工場所近傍に設置した製造プラントにおいて，型式検査に適合した配合条件に基づいて原料を混合，練り混ぜし，改良部に圧送・打設する. 製造後または施工後，製品の一部を採取して，受渡検査を実施し，品質の確認を行う. スラリー材は塑性材と同様に硬化前に施工されるため，**解説 図2.1.3**に示したように，スラリー材の施工後に，受渡検査の結果の記された検査報告書が提出される. なお，検査報告書は定められた手順通りに施工した場合の材料（製造した製品）としての検査結果を記したものであり，施工状況の検査は含まれていない.

解説 表 2.1.5　標準的なスラリー材の配合例（質量比）

| フライアッシュ | 固化材 | | 水※1 | その他 | |
	セメント	副添加材		添加剤等（気泡剤，硬化促進剤等）	その他（土砂等※2）
100	6〜20	0〜	40〜150	0〜	0〜400

1m³ 当たりの配合例は，**解説 表 3.3.2** 参照
※1 海水を用いる場合もある. ※2 浚渫土砂やクリンカアッシュを混合する場合もある.

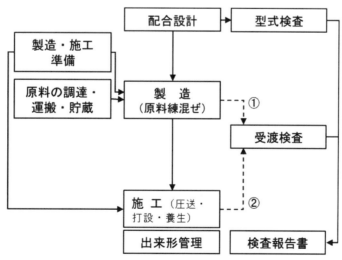

受渡検査には，①または②で採取した試料を用いる

解説 図2.1.3　スラリー材の製造・施工および品質検査フロー

2.2　物理性状・力学特性

（1）　石炭灰混合材料の粒子密度は製造方法によって異なるが，一般に天然の土砂と同等または小さい．

（2）　最適含水比は天然の土砂に比べて高い．

（3）　力学特性および透水性は，石炭灰混合材料の形態，製造方法によって異なる．

【解　説】　石炭灰混合材料は，一般に以下に示すような物理性状と力学特性を持つ．

　（1）について　石炭灰混合材料の粒子密度は，JIS A 1202「土粒子の密度試験方法」による試験では，概ね 1.9〜2.5 g/cm³ の範囲にあり，一般的な沖積砂質土・洪積砂質土（2.5〜2.7 g/cm³）と同等もしくは小さい値を持つ点が一つの特徴となっている．材の形態別の湿潤密度は，製造方法，含水比，締固めの程度等によって大きく異なるが，締固め度 90%以上の粒状材と塑性材では，概ね以下の範囲に入る．スラリー材に関しては，発泡剤または土砂等を添加することで湿潤密度を幅広く調整することができる．

粒　状　材：1.2〜1.6 g/cm³（含水比 25〜45%程度）

塑　性　材：1.6〜1.9 g/cm³（含水比 15〜20%程度）

スラリー材：0.8〜1.9 g/cm³（含水比 25〜65%程度）

　（2）について　石炭灰混合材料は，粉体であるフライアッシュを少量のセメント等固化材で固めたものであるため，製造方法にもよるが，概ね 3 μm 以下の細孔が発達しており，吸水性を有する．このため，粒状材の最適含水比は 25〜45%を示すことが多い．したがって，施工の際の水分管理には注意が必要である．

　（3）について　力学特性について，石炭灰混合材料は，セメントの水和反応や，セメントとフライアッシュのポゾラン反応により硬化する．材料強度は，製造方法によって異なるが，粒状材の場合，破砕前の固化体の一軸圧縮強さ（JIS A 1216）[1]，または造粒材の圧壊強度（JIS Z 8841）として 1,000〜20,000 kN/m² の範囲にある．強度の幅が大きくなっているが，粒状材は主に土砂代替を想定したものと，再生砕石代替を想定したものがあり，後者については路盤材としての要求仕様を満たすため，固化材の添加率が高めに設定されていることによる．また，塑性材では 4,000〜8,000 kN/m²，スラリー材では 100〜1,000 kN/m² 程度の範囲（いずれも材は 28 日材齢）にあり，配合により調整できる．なお，ポゾラン反応は時間をかけて進むため，石炭灰混合材料は長期にわたり強度が増進する性質を持つ．

　また，透水性について，石炭灰混合材料は形状により透水性を変化させることができる．粒度を調整した粒状材は，サンドコンパクションパイルやサンドドレーン工法等の排水材や，排水性に優れた裏込材として適用することが可能である．施工後も粒子間の顕著な固結は見られず，経時的な透水性の低下は起こりにくい．一方，塑性材やスラリー材の透水係数は概ね 1×10^{-8} m/sec 以下であり，処分場の遮水材等として用いられた例もある．

注[1]　強度が大きい場合は，コンクリート材料に準じて JIS A 1108 を使用する場合もある．

2.3　化学成分

（1）　石炭灰混合材料に使用するフライアッシュは，一般的な土壌，岩石に近い化学組成を持つ．

（2）　石炭灰混合材料は石炭に由来する重金属等を微量に含む．

（3）　石炭灰混合材料はアルカリ性を呈する.

【解　説】　（1）について　石炭灰混合材料の主原料であるフライアッシュは，けい素（Si），アルミニウム（Al），鉄（Fe），カルシウム（Ca）およびマグネシウム（Mg）を主成分とする. これらの成分は，いずれも地殻または天然土砂を構成する化学成分である. なお，これらの成分は石炭灰中でクォーツ，ムライト，マグネタイトといった結晶質鉱物と，複合酸化物で構成される非晶質鉱物（ガラス）等として存在する. したがって，石炭灰混合材料の化学成分組成もセメントよりもむしろ天然土砂に近い. 参考として**解説 表**2.3.1に日本列島の上部地殻における平均組成推定値，フライアッシュおよびセメントの化学成分測定例を示す（**付録Ⅱ**）.

また，一般に焼却灰には最大10%程度の塩素が含まれているが，石炭灰の塩素含有量は0.3%程度であり，副添加材または練混ぜ水に塩素が含まれていなければ，石炭灰混合材料の塩素含有量は低く，溶出量も無視できる程度である.

解説 表 2.3.1　日本列島の上部地殻の平均組成推定値，フライアッシュおよびセメントの化学成分例

	SiO_2	Al_2O_3	Fe_2O_3	CaO	MgO
日本列島の上部地殻平均組成推定値	67.5	14.7	5.4	3.9	2.5
フライアッシュ	42〜79	17〜36	1〜18	4〜26	1〜7
普通ポルトランドセメント	21	5	3	64	2

単位（%）

（2）について　石炭灰混合材料の主原料であるフライアッシュは，石炭の燃焼灰である. 石炭は湿原や湿地帯の植物が分解されずに堆積，変成した鉱石の一種であり，クロム，砒素，セレン，ふっ素，ほう素等といったいわゆる重金属等を微量ながらも含んでいる. しかし，フライアッシュ中のこれらの物質の全含有量は，例えば土壌汚染対策法（平成十四年法律第五十三号）の土壌含有量基準と比較しても十分に低い（**付録Ⅱ**）. なお，土壌含有量基準は1規定塩酸抽出によるものなので，試料中の全含有量のうちの一部しか抽出されない. したがって，石炭灰混合材料が土壌含有量基準を超える可能性は極めて低い（**付録Ⅳ**）.

一方で，フライアッシュは粉体で比表面積が大きいこともあり，そのままの状態で溶出試験を行うと，重金属等の一部が水へ溶出することがある. しかし，この指針（案）で対象とする石炭灰混合材料はセメントや水等と混合して使用されるため，重金属等の溶出性も十分に低減されている（**付録Ⅳ**）. 近年は，副産物等の環境安全性の評価の際は，原材料のままではなく，実際に使用される状態で評価することの合理性が認められ，定着したことから，この指針（案）においても，「実際に使用される状態」，すなわち石炭灰混合材料の状態で検査を行い（**4章**），基準に適合したものを利用することとしている.

（3）について　フライアッシュの多くはアルカリ性を呈し，かつ石炭灰混合材料に使用する固化材もアルカリ性を呈するものが多い. このため，石炭灰混合材料を溶出試験した時の溶出液は，破砕コンクリート塊と同程度のアルカリ性を示す. 石炭灰混合材料を海域で使用する場合には，海水に含まれる炭酸水素イオン，マグネシウムイオン等の緩衝作用により，接触水のpH上昇は抑制されるため，石炭灰混合材料の施工，利用に伴う周辺環境への影響はほとんどない. また，陸域で使用する場合にも，周辺土壌のpH緩衝作用によりpH上昇は抑制され，地下水への影響はほとんどないが，池等で使用する場合には留意が必要である.

2.4　その他の特性

（1）　塑性材，スラリー材は，固化後は一体化した固化体となる．

（2）　固化前のスラリー材は流動性を持つため，充填性に優れ，かつ締固めが不要となる．

（3）　形態，製造方法によっては環境改善機能を有する．

【解　説】　　（1）について　塑性材およびスラリー材は，コンクリートと同様に固化前に施工され，固化後は一体化した固化体を形成する．このため，塑性材またはスラリー材で構築された改良体は液状化せず，護岸背面等で使用した際には吸出し防止に寄与する．

　（2）について　固化前のスラリー材は流動性が高いため，構造物の背面や狭隘部における施工においても充填性に優れ，かつ締固め施工が不要となる．したがって，締固め施工の困難な水中の施工も可能である．流動性はフロー値またはスランプ値で管理され，配合設計により任意に設定することができる．

　（3）について　石炭灰混合材料は，製品によって様々な特性を持つが，粒状材の中には，藻場・浅場・干潟造成材，または覆砂材として使用した場合，貧酸素水塊の発生抑制，水質改善，悪臭の減少，生物の増加などが報告されているものがある．これは，以下の効果によるものである．

　①富栄養化物質（アンモニア，リン酸等）および硫化水素の吸着

　②間隙水の流動性の確保

①の効果により，底質から溶出するこれらの物質が直上水に移行することを抑制する．また，天然砂に比べて軽量なため底質への圧密沈下が抑制されることで，粒状材の粒子間に空隙のある立体構造が維持される．これにより②に示すように間隙水の流動性が確保され，嫌気化が抑制される．以上に加え，粒状材表面は光の届く範囲で，短期間に珪藻被覆されることから，海域での好気条件を創造しやすく，特に閉鎖性海域で問題となってきている貧酸素に対し改善効果が得られる．

3章　石炭灰混合材料を用いた地盤・土構造物の設計および施工

3.1　一　　般

地盤・土構造物に用いる地盤材料として石炭灰混合材料を適用するにあたっては，その用途および適用箇所に関わる技術基準類の規定を理解した上で，天然材料との差異に留意して設計・施工する．

【解　説】　石炭灰混合材料は2章に示したように，天然材料とは異なる特性を有している．したがって，地盤・土構造物への適用を検討する場合には，こうした差異を理解した上で適用の可否を判断することが求められる．また，実際の適用にあたっては，適用箇所に関わる技術基準類の規定に従う．その際，基準類の規定は，多くの場合，天然材料を前提として書かれているので，適用先の用途および技術基準類の規定を理解した上で，天然材料との差異に留意して設計・施工する．

3.2　適用を判断するための検討事項

地盤・土構造物への適用を検討する際は，石炭灰混合材料の特性を理解し，適用箇所に求められる材料の土質工学的な特性や経済性等について他の材料と総合的に比較した上で適用の可否を判断する．

【解　説】　石炭灰混合材料の最大の特徴は，天然材料と比して粒子密度が同等もしくは小さいこと，材の形態は3つに大別され，その形態や取扱いは，土砂・砕石（粒状材），改良土（塑性材），流動化処理土（スラリー材）に類似していることである．製品としての石炭灰混合材料の土質工学的な特性は，製造事業者によって異なっているが，工事の施工場所や現地条件によってはその特徴が有利に働く場合もある．目的とする建設工事における石炭灰混合材料の適用については，以下に述べる a)〜c)について総合的に検討して判断するとよい．

a) 土質工学的な特性

石炭灰混合材料は単なる土砂代替としても利用できるが，石炭灰混合材料の持つ物理・化学的な特性を活用することで，土圧低減，沈下抑制，液状化防止，海域環境改善等にも寄与することができる．また，建設発生土に比べて品質のばらつきが小さい点も特徴の一つである．

石炭灰混合材料は，一般の土砂材料と比較して湿潤単位体積重量（以降では，「単位体積重量」と表記）を小さくできるため，例えば，軟弱地盤上に盛土を設ける場合には沈下の影響を低減することができる．軟弱地盤上の盛土に敷砂材として粒状材を活用する場合，透水性と軽量性が有効に働き，盛土に伴う沈下変形量の低減効果が期待できる．一方，塑性材やスラリー材は，固化後は自立性を有し，構造物背面に作用する土圧の軽減を行うこともできるので，地形的条件から擁壁構造の施工に有利な場合がある．ただし，軽量であることは，例えば流水にさらされる箇所では逆に流されやすい等の短所にもなり得るため，それに対する検討が必要となる場合があることにも留意が必要である．また，塑性材とスラリー材は透水性が低いので，水処理に関する配慮が必要である．

解説 表 3. 2. 1　石炭灰混合材料の主な利用用途（一般土木工事，建築工事）

工種	適用例	粒状材	塑性材	スラリー材
土工，基礎工	盛土材（路床盛土，路体盛土，築堤盛土）	◎ (1. 2. 1)	◎ (2. 2. 1)	○
	裏込材	◎ (1. 2. 2)	◎ (2. 2. 2)	◎ (3. 2. 1)
埋戻工	埋戻材	◎ (1. 2. 3)	○	◎ (3. 2. 2)
地盤改良工	バーチカルドレーン材，サンドマット材	◎ (1. 2. 4)		
	サンドコンパクションパイル材	◎ (1. 2. 5)		
舗装工	上層路盤材，下層路盤材	◎ (1. 2. 6)	◎ (2. 2. 3)	
建築工事：基礎工	建築基礎砕石	◎ (1. 2. 7)		

　◎：利用実績のある用途，○：利用可能な用途，斜線：性状上利用が難しいと思われる用途
（　）：対応する**付録Ⅰ**の項

b) 経済性

　経済性を考える場合，建設費のみに着目するのではなく，工事中に想定されるリスクへの対策費，維持管理費および長期的な使用に耐える安定性も含めた総合的な比較検討が必要である．地盤材料として用いる石炭灰混合材料は，材料品質の変動が小さいので施工性がよく，構造物の裏込めなどでは構造境界部の沈下の抑制が期待できる他，盛土などの構造体としての安定性も確保しやすいなど，その特性から一般の地盤材料よりも有利となることが多い．また，石炭灰混合材料は，**2 章**に示したようにフライアッシュとセメント等の化学反応によって経時的に硬化して強度が増加するので，構築した構造物の改築などがなければ長期的な供用に対して有利に働く．

　経済性を比較する際には，材料単価だけでなく輸送コストも考慮するとよい．土砂，砕石等と比べ単位体積当りの質量の小さい石炭灰混合材料は，ダンプトラックで運ぶ場合，同じ質量でより多くの体積を輸送することができる．したがって，天然材料よりも少ない台数で必要量を輸送することができ，輸送距離が同じであれば，輸送に伴う CO_2 排出量の削減に寄与するだけでなく，輸送コストの削減も可能になる．また，工事用道路として，慢性的な渋滞が発生する道路を使用しなければならない場合には，材の運搬車両を削減できることが有利となるので，工事工程を含めて総合的な見地から検討するとよい．

c) その他

　「国等による環境物品等の調達の推進等に関する法律（平成十二年法律第百号）」の施行により，地方公共団体には，環境物品等の調達方針を作成し，その方針に基づいて物品等を調達する努力義務が課せられた．これを受けて，それぞれの自治体の状況に即したリサイクル製品認定制度を整備し，環境物品の普及促進を進めている地方自治体が増えている．石炭灰混合材料の中にはリサイクル製品の認定を受けているものもあり，公共事業への積極的な利用が求められている．

　石炭灰混合材料の主な利用用途と利用実績を**解説 表** 3. 2. 1と**解説 表** 3. 2. 2に示す．石炭灰混合材料は形態によって土質的な分類が異なるため，その特性上，利用が難しいと思われる用途について，同表では斜線で示した．しかし，それ以外の用途については利用が可能であり，特に「◎」を記載した用途については広く利用実績がある．

解説 表 3.2.2　石炭灰混合材料の利用用途（港湾土木工事）

工種	適用例	粒状材	塑性材	スラリー材
土工	埋立材	◎ (1.2.8)	○	○
	路体（築堤）盛土材，路床盛土材	解説 表 3.2.1 盛土工，基礎工参照		
圧密・排水工	サンドドレーン，グラベルドレーン，グラベルマット	解説 表 3.2.1 地盤改良工参照		
締固工	サンドコンパクションパイル			
基礎工	盛砂，基礎捨石	○		
裏込・裏埋工	裏込材	◎ (1.2.3)	○	◎ (3.2.1)
	裏埋材	◎ (1.2.9)	◎ (2.2.4)	◎ (3.2.3)
本体工	中詰材	○		◎ (3.2.4)
舗装工	上層路盤材，下層路盤材	解説 表 3.2.1 舗装工参照		
環境修復	環境修復材（覆砂材等）	◎ (1.2.10)		
遮水工	処分場遮水材			◎ (3.2.5)

◎：利用実績のある用途，○：利用可能な用途，斜線：性状上利用が難しいと思われる用途
（　）：対応する**付録Ⅰ**の項

3.3　石炭灰混合材料を用いた地盤・土構造物の設計・施工計画

（1）　石炭灰混合材料を用いた設計・施工計画は，その用途および適用箇所に関わる技術基準類の規定を理解した上で，石炭灰混合材料の特性に留意して行う．

（2）　設計に用いる石炭灰混合材料の物理特性と力学強度は，原則として土質試験結果等に基づいて設定する．

【**解　説**】　（1）について　石炭灰混合材料を用いた地盤・土構造物の設計や施工計画は，対象とする建設工事の規模，必要とされる力学特性，透水性，単位体積重量，施工性，材料調達の容易性，工事箇所の地盤条件等を考慮した上で策定する必要がある．これらは天然材料と同様に適用箇所に応じて示された方法と手順に従うが，その際，以下に示す事項に留意する．

a) 力学特性に基づく設計定数の確認

　適用用途に応じて設計に必要な力学特性を把握し，設計に必要な定数を設定する．なお，石炭灰混合材料の設計に用いる物理的定数は，原則として土質試験等の結果によるが，石炭灰混合材料を用いた盛土等の構築の計画段階では，試験等を行うことは不合理である．したがって，概略的な検討が必要な場合に用いる単位体積重量，粘着力およびせん断抵抗角等の値は，設計・施工前に照査・確認することを前提として，製造者から提供される値を使用してもよい．

b) 安定性の確保

　石炭灰混合材料は，透水性の高い粒状材と透水性の低い塑性材・スラリー材があることから，それぞれの材の物理特性に応じた降雨作用に対する影響を考慮する必要がある．また，寒冷地の道路や擁壁背面などに

改良地盤を用いる場合，凍上などの作用に留意する必要がある．

　改良地盤を構築するために基盤を整形して塑性材やスラリー材によって改良体を設ける際は，湧水や地下水の状況を確認し，降雨による湧水変化がある場合には別途地下排水工を行って適切に基盤の水処理を行ったうえで構築し，地下水位変化による改良体の変形などが生じないようにするといった配慮が必要である．また，透水性の低い改良体表面が平坦で滞水しやすい場合，上面の舗装などの耐久性に影響を及ぼすことがあり，寒冷地においては凍上によってひび割れや変形を引き起こすことがある．したがって，仕上がりの平坦性から勘案して滞水しやすい箇所については，対策や工夫が必要である．

c) 材料調達の容易性の確認

　使用する石炭灰混合材料の調達方法を確認し，施工と調達のタイミング，調達可能量，材料コスト，運搬コストなどの情報をもとに適用可能性を判断する．

　石炭灰混合材料は産業副産物を主原料としていることから，原料の供給量と供給タイミングには制限がある．このため，一時的に大量の製品が必要になった場合，原料の供給が追い付かず，納期までに必要な量の石炭灰混合材料を製造できない可能性もある．したがって，工事への適用検討においては，石炭灰混合材料の必要量と調達時期について事前に確認する必要がある．これに加え，材の形態ごとに以下の確認が必要である．

　粒状材はその種類によって製造方法が異なるが，粒状材の多くは石炭火力発電所の周辺にある製造プラント（工場）で製造されることが多い．したがって，要求仕様に合った粒状材を製造している事業所または貯蔵している場所から施工場所までの距離を確認する必要がある．

　塑性材やスラリー材については，原料を施工場所付近で練り混ぜ，固化前に施工を行うため，材料の練混ぜを行う製造プラントを施工場所近傍に設置できることが適用の条件となる．また，原料の状態で施工場所近傍まで輸送することになることから，発電所または中継サイロから施工場所までの距離，輸送方法について確認が必要である．

　例えば，塑性材やスラリー材に使用する材料は，**解説 表 3.3.1** や**解説 表 3.3.2** に示す配合表を参考に構造物に使用する数量を把握する．ただし，石炭灰を含む指定副産物の有効利用は，環境面から推進すべきではあるが，石炭灰や石炭灰混合材料の調達の容易性は地域によって異なるので，運搬や保管に伴う経費によって過度に事業費等に影響することのないように配慮しなければならない．

解説 表 3.3.1 塑性材の配合例

目標一軸圧縮強さ	フライアッシュ	セメント	副添加材（石膏）	水
5,000 kN/m²	1,250 kg/m³	50～100 kg/m³	25 kg/m³	350 kg/m³

解説 表 3.3.2 スラリー材の配合例

目標一軸圧縮強さ	フライアッシュ F	セメント C	水 W	水粉体比 W/(C+F)	シリンダフロー管理値
1,000 kN/m²	900 kg/m³	150 kg/m³	521 kg/m³	49.6%	220±20 mm

d) 現地条件や施工性の確認

　地盤・土構造物の設計にあたっては，周辺の地形・地質，気象・海象，河川，水文などの自然条件や，環境，景観，土地利用，文化財の有無，関連する公共事業との調整，ステークホルダーの意向等の社会的条件

を十分考慮し，現地条件に適合した設計を行うことが必要である．地域によっては沢水の処理や地下水の分断対策などの水文に関する検討を十分考慮する必要がある．

　その際，材ごとに形態，透水性，強度，単位体積重量，施工時の流動性等の特徴が異なることから，それらの特徴を生かすことで合理的設計を行える可能性がある．

e)　環境安全性の確認

　地盤改良等の建設事業は自然環境や地域社会へ影響を与えることがあるため，周辺環境への負荷を低減し，環境の保全に対する検討を行う必要がある．石炭灰混合材料のような循環資材を安心して使い続けるためには，環境安全品質の管理を確実にするとともに，巻末の**参考**に示すような関連法令等を遵守し，環境保全上の問題が生じないように十分検討し，必要であれば対策を講じる必要がある．

　例えば，石炭灰混合材料は一般にアルカリ性を呈する．これはセメントおよび水の反応によって発生する水酸化カルシウムに起因するもので，炭酸ガスにより容易に中和されるとともに，石炭灰混合材料と接触した水は，周囲の土壌を 30 cm 程度通過することで，土壌の持つ pH 緩衝能により中和されるため，周辺に影響を与えることはほとんどないが，陸上での施工時および完成時の適切な排水計画に配慮しておくことが大切である．また，淡水域で滞留性の高い箇所で使用する場合には周囲への影響を把握するために，設計・施工段階での管理方法を設定して一定期間のモニタリングを行い，長期の安全性を確認することがある．

　石炭灰混合材料は石炭由来の重金属等を微量ながらも含むため，環境安全品質基準に関する検査項目，試験方法，基準値および検査の頻度等を設定し，環境安全品質に関する検査を行う必要がある（**4章**）．

　粒状材は製造プラント（工場）で製造され，検査報告書とともに出荷されるため，検査報告書に記載された環境安全品質を確認し，使用箇所に求められる環境安全性を確保した材であることを確認する．また，施工場所近傍で製造・施工する塑性材とスラリー材については，配合設計の段階で行う型式検査の結果から環境安全性を判断するとともに，製造時に実施する受渡検査の結果から，実施工された材の環境安全性を確認する．

f)　施工後の管理

　石炭灰混合材料の環境安全品質は，材のライフサイクルを考慮して設定されており（**4章**），再利用を想定した用途では，再利用，再々利用時の環境安全性を保障するように試験方法と判定基準が設定されている．したがって，例えば路盤材のように，再利用があらかじめ想定されている用途では，掘り起こした後も再び路盤材として使うことが可能である．ただし，掘り起こしが想定されていない用途に使われている石炭灰混合材料を掘り起こして再度利用する場合は，改めて物理特性，力学特性，環境安全性について調査し，再利用先の用途に応じた品質に適合していることを確認する必要がある．また，掘り起こした石炭灰混合材料を処分する場合は，基本的に産業廃棄物として処理する．詳細については，都道府県等の環境部局に確認することが必要である．

　（2）について　石炭灰混合材料を用いた地盤・土構造物の設計に用いる単位体積重量，粘着力，せん断抵抗角などは，日本産業規格（JIS），地盤工学会基準（JGS）などに示される試験方法の結果に基づいて設定する必要がある．ただし，使用する石炭灰混合材料の数量が少ない場合や，構造物としての重要性などから判断して，厳密な試験結果を用いた安定検討を行うことが煩雑となる場合には，施工時に改めて試験等により確認することを前提として，検査報告書等により製造者の提供する値等を使用することもある．

　盛土以外の構成材料として石炭灰混合材料を用いる場合には，粒度や単位体積重量などのほか，CBR などの必要な材料基準が定められており，これらは用途ごとに規定されているので，工事計画段階の設計では，

解説 表 3.3.3　概略設計に用いる石炭灰混合材料の土質定数（盛土の例）

| 種　類 | 地盤材料としての状態 | | 単位体積重量 (kN/m³) | せん断抵抗角 (°) | 粘着力 (kN/m²) | 土量変化率 | |
	形　態	工学的分類 (中分類)				L	C
盛土 粒状材	締固めたもの	{G}※	16	25	30	1.0	0.85
		{GF}※	13~14	30	0	1.0	0.8
塑性材	固化したもの	{I}	16~19	—	—	—	1.0
スラリー材	固化したもの	{I}	8~19	—	—	—	1.0

※：起源ではなく，粒径で区分した場合の分類
－：固化後は一体化し，十分な強度を持つため考慮しない
　実際の支持力は，平板載荷試験等で確認する

材料試験の方法とその結果から材料基準に合致する製品を選択または製造が行える範囲にあることを確認する.

　塑性材やスラリー材は，あらかじめ材料基準や適用箇所の要求性能に基づいて設定された強度や単位体積重量を目標として配合設計を行い，現場配合の段階では一般に施工上のばらつきや連続して施工を行うために固化材の配合強度の割増しを行う. 石炭灰混合材料の自重作用と上載する構造物等の作用を考慮して，地盤を含む安定計算等においては，割増しを行った現場配合の単位体積重量を用いて安定検討を行うことになる. 石炭灰混合材料は軟岩程度の一軸圧縮強さを有する固形体なので，盛土の形態によっては擁壁構造（抗土圧構造）として検討することもできる.

　以下，概略的な設計を行う際に用いる定数と適用の留意点を示す. なお，材の形態ごとの主な利用用途への適用と留意事項について，参考として**付録I**にまとめた.

a) 盛土

　盛土体として，計画段階の設計などで概略的な安定検討を行う場合の土質定数の例を**解説 表 3.3.3**に示す. ただし，地下水位以下にある単位体積重量は，それぞれの表中の値から $10\,\mathrm{kN/m^3}$ を差し引いた値を水中重量として用いる.

b) 路盤

　道路舗装の構造設計にはアスファルト舗装の設計CBRから等値換算係数TA法による路盤係数を設定する方法と，理論的設計方法として多層弾性理論により計算する方法がある. 粒状材などをTA法により下層路盤に用いる等値換算係数は，粒状路盤と同様に 0.20~0.25 として舗装各層の必要厚さを算出するとよい. なお，粒状材の上層路盤の等値換算係数は現状での実績等が不十分であり，塑性材の舗装路盤としての等値換算係数についても同様に今後の評価が必要である. 当面，舗装の構造設計方法によって，舗装各層に使用する材料の弾性係数とポアソン比から適用が可能と考えられるが，繰返し荷重による石炭灰混合材料の疲労を含め，これらの設計が適用できるかについて定まった評価はない. 同様に道路以外の鉄道や空港の路盤材としての使用可否も今後の実績評価が必要と考えられるので，これらを認識したうえで設計検討を行うこととなる. ただし，車両等の繰返し荷重を受けることのない公園や遊歩道等の路盤の場合，砕石路盤の代替材として使用することができる. このとき，舗装上の利用条件を考慮のうえ原地盤や路盤の支持力やたわみ量を確認し，地盤に荷重を分散して支持される路盤厚を設定する.

c) その他

　埋戻し，裏込め等，その他の用途に石炭灰混合材料を使用する場合の構造設計には，製造者等から提供さ

れる石炭灰混合材料の検査報告書および発注者の要請により実施した土質試験等の結果に基づき，適切な土質定数を用いて設計を行う必要がある．

3.4　石炭灰混合材料の製造・施工

（1）　製造者は，所定の品質を確保できるよう適切に石炭灰混合材料を製造する．

（2）　施工者は，検査報告書等の結果に基づき，地盤・土構造物に適用する石炭灰混合材料が要求品質を満足する製品であることを確認する．

（3）　施工者は，所定の品質を確保できるよう適切に施工する．

【解　説】　（1）について　粒状材は，製造プラント（工場）で固化，粒度調整まで行った後，出荷される地盤材料である．製造から施工までのフローを**解説 図 2.1.1**に示したとおりである．また，塑性材とスラリー材は，それぞれ**解説 図 2.1.2**と**解説 図 2.1.3**に示したように，施工現場近傍に設置した製造プラントもしくは生コンクリート工場において原料を練り混ぜた後，固化前に施工箇所に供給・施工される地盤材料である．製造プラント（工場）には，原料および製品の飛散防止，粉塵や排水対策等の設備を設けるとともに，騒音・振動対策を行う等，環境面に配慮する必要がある．

製造者は，石炭灰混合材料の製造に使用する原料について調達条件を確認する必要がある．特にフライアッシュは石炭火力発電所から発生するものであるため，3.3に示したように，調達可能量，必要時期等といった調達条件について，あらかじめフライアッシュ供給者と協議することが求められる．また，原料の品質については試験成績書等で確認するとともに，記載のない項目のうち，製品の品質確保の観点から必要な項目については，製品製造時までに測定して確認する．湿灰を除くフライアッシュ固化材の運搬，貯蔵に際しては，水濡れと粉塵飛散に注意しなければならない．

製造者は，配合試験により適用箇所の要求品質に応じた配合を決定した後，その配合設計に基づいて作製した供試体を用いて型式検査を行い，要求品質への適合を判定する．また，製品製造時の品質を管理するとともに，製造した製品に対して受渡検査を実施しなければならない．

（2）について　粒状材は製品によって製造方法や破砕方法等が異なること，また，塑性材とスラリー材は，原料や配合等の違いによって材の特性が変化するため，適用箇所に要求される材料基準を満足するものを選定しなければならない．また，施工者（材の購入者）は，その製品の調達，運搬，仮置き・貯蔵，施工および出来形管理までの取り扱いについて，供給者に留意点を事前に確認し，施工計画に反映させなければならない．

（3）について　施工者は施工する材の特性に配慮して施工する．施工時における各材の留意点を以下に示すとともに，参考を**付録 I**にまとめる．

a) 粒状材

現地の状況に応じて仮置きなどのヤードを確保する場合は，粉塵の発生抑制や排水などの仮設備等，環境面に配慮した仮設備を設けるとともに，施工環境条件について確認を行い，施工箇所の整地や排水などの適切な処理を行う．粒状材の運搬作業や仮置きにあたっては，粉塵の発生や降雨による影響を考慮する必要がある．

施工時は適当な施工機械を組み合せて粒状材の敷均し・転圧を行い，均等な品質が確保できるように配慮

する．その際，粒状材の敷均し・転圧において，泥土や湿土などが混入しないように注意して施工する．特に構造物背面の土圧軽減や沈下抑制の施工においては，既設構造物に影響のないように十分検討して施工しなければならない．

b) 塑性材

　製造プラント，あるいは生コンクリート製造工場で製造された塑性材は，ダンプトラック等で施工場所に運搬するため，締固め施工を適切に行える時間内に運搬可能であることを確認する．

　塑性材を施工箇所で敷き均した後，締固め機械を用いて締め固める．締固め作業にあたっては，事前に試験施工等を行い，締固め機械，敷均し厚さ，締固め回数，施工含水比等を設定し，所定の品質を確保できるように施工する．締固め作業中に粉塵が発生する恐れがある場合は，必要に応じて散水養生を行う．また施工中の降雨に対しては，降雨量に応じて品質低下を防ぐための処置を講じる．1 日の締固め施工が終了した後は，シート養生を行い，乾燥や雨水浸透を防止する．施工後も覆土するまでの期間中はシート養生することが望ましい．

c) スラリー材

　製造したスラリー材は，速やかに圧送しなければならない．打設する際は充填性に配慮するとともに，材料が分離しないように吐出する．打設後，スラリー材が流動して充填が進むことで，打設直後の出来形より打設高が沈下する可能性がある．このため，打設翌日に高さを計測し，出来形不足となる場合は追加打設を行い，所定の出来形を確保する．

　スラリー材は流動性を有しているため，その自立勾配は緩い．したがって，日当りの施工端部や工事の工区境，施工範囲の端部には型枠等の法止めを設置し，出来形を確保できるように計画する．またケーソンや上部工などの目地部には目地板等を設置し，構造物背面から目地を通じて前面にスラリー材が漏出しないように計画する．

4 章　型式検査・受渡検査

4.1　一　　般

（1）　石炭灰混合材料の品質は，配合設計後，製品の製造に先立って実施する「型式検査」と製造・出荷時に実施する「受渡検査」により検査する.

（2）　検査の結果は検査報告書に記載し，期間を定めて保存する.

【解　説】　　(1)について　石炭灰混合材料の物理特性，力学特性および環境安全性に関わる品質は，配合設計後，製品の製造に先立って実施する「型式検査」と製造・出荷時に実施する「受渡検査」によって適切に検査しなければならない. 型式検査および受渡検査の実施のタイミングは，材の形態ごとに**解説　図2.1.1**から**解説　図2.1.3**に示したとおりである. 検査項目と準拠する基準は，受渡当事者間の協議によって規定することを基本とするが，特に指定がない場合，物理特性および力学特性に関わる検査は，用途毎に規定されている技術基準類に従って実施する. また，環境安全性に関わる検査は，国，自治体，学協会レベル等で提案されている状況にあるため，本指針（案）では準拠すべき技術基準類を以下のように位置付ける.

①法律，法律に基づく命令，条例，規則およびこれらに基づく通知，JIS，国・自治体の各種仕様書で定められているものがある場合は，これを遵守する

②石炭灰混合材料の使用場所を管轄する自治体がリサイクル認定制度を整備している場合は，当該認定が定める環境安全品質基準に従う

③上記以外の場合，本指針（案）の環境安全品質基準に従う

③について，本指針（案）が規定する環境安全品質基準は，2012年に経済産業省産業技術開発局から出された検討会総合報告書において提示された「基本的な考え方」に基づく（**付録Ⅲ**）. これは，スラグ類に限らず，あらゆる循環資材に共通化できる考え方として示されたもので，次の5項目から構成される.

ア　環境安全品質に関わる評価は，対象となる循環資材の合理的に想定しうるライフサイクルの中で最も配慮すべき暴露環境に基づいて行う

イ　試験項目は，最も配慮すべき暴露環境における化学物質の放出経路に対応させる

ウ　試験は，試料調製を含め，最も配慮すべき暴露環境における利用形態を模擬した方法で行う

エ　環境安全品質の基準設定項目と基準値は，周辺環境の環境基準等を満足できるように設定する

オ　試料採取から結果判定までの一連の検査は，環境安全品質基準への適合を確認するための「環境安全形式検査」と，環境安全品質を製造ロット単位で速やかに保証するための「環境安全受渡検査」とで構成し，それぞれ信頼できる主体が実施する

なお，「基本的な考え方」における「環境安全形式検査」および「環境安全受渡検査」を，本指針では「環境安全性に関わる型式検査」および「環境安全性に関わる受渡検査」と呼ぶ.

解説 表 4.2.1　環境安全品質基準（溶出量基準）※1

項目	一般用途溶出量基準（mg/L）	港湾用途溶出量基準（mg/L）	土壌溶出量基準§（mg/L）	水底土砂に係る判定基準†（mg/L）
カドミウム*	0.003 以下	0.009 以下	0.01 以下#	0.1 以下
鉛*	0.01 以下	0.03 以下	0.01 以下	0.1 以下
六価クロム	0.05 以下	0.15 以下	0.05 以下	0.5 以下
砒素	0.01 以下	0.03 以下	0.01 以下	0.1 以下
水銀*	0.0005 以下	0.0015 以下	0.0005 以下	0.005 以下
セレン	0.01 以下	0.03 以下	0.01 以下	0.1 以下
ふっ素	0.8 以下	15 以下	0.8 以下	15 以下
ほう素	1 以下	20 以下	1 以下	−
銅	−	−	−	3 以下
亜鉛	−	−	−	2 以下
総クロム	−	−	−	2 以下
ニッケル	−	−	−	1.2 以下
バナジウム	−	−	−	1.5 以下
ベリリウム	−	−	−	2.5 以下

※　受渡検査では，受渡当事者間の協議により，検査の一部または全てを省略できる
§　平成 15 年環境省告示第 18 号のうち，第二種特定有害物質のみを抜粋
†　昭和 48 年総理府令第 6 号のうち，重金属等のみを抜粋
*　水底土砂に係る判定基準を除く溶出量基準のうち，通常，石炭灰混合材料からの溶出の懸念が低いことが確認されている項目（付録IV）
#　2021 年 4 月より 0.003mg/L 以下に改正

　試験方法や基準値は利用用途ごとに分けて設定する．これは，土壌と同じ方法で試験することの必要性（より具体的には，将来，土壌汚染対策法の調査対象となる可能性）や，直接摂取の可能性，材と接触した浸出水の到達先（地下水または海水）等が用途によって異なるためである．

　例えば，材を路盤材および建築基礎工事砕石として使用する場合，周辺土壌と区別して施工・供用される．この場合，使用される材は土壌とみなされないため（平成 22 年環水大土発第 100305002 号），土壌汚染対策法の対象外となる．このため，溶出試験は利用有姿で行う溶出試験法である JIS K 0058-1 試験を準用し，浸出水の到達先が地下水であることから，解説 表 4.2.1 に示す一般用途溶出量基準で判定する．また，これらの用途は供用後，材を掘削し，路盤材として再利用する可能性があることから，直接摂取の可能性を考慮して，スラグ類の含有量試験である JIS K 0058-2 試験を準用し，解説 表 4.2.2 に示す含有量基準で判定する．裏込材，バーチカルドレーン材，サンドマット材およびサンドコンパクションパイル材として使用する場合も，周辺土壌と区別した状態で施工，供用される．供用後は材が露出することなく，かつ掘削，再利用も想定されないため，直接摂取の可能性はないと判断し，含有量試験は実施しない．盛土材利用についても同様であるが，露出した状態での使用が想定される場合，仮設構造物として使用する場合，および掘削した材が他の建設残土と混ざることが想定される場合は，土壌に準じた試験・判定を行う．

　港湾土木工事においても，盛土工や舗装工は陸上部における土構造物とみなされるため，一般土木工事と同じ扱いとする．一方，埋立や圧密・排水工等といった地盤造成に関わる工事に使用される石炭灰混合材料は，材の直接摂取は考えられず，また，浸出水の到達先は海水になるため周辺地下水の飲用は考えられない．したがって，JIS K 0058-1 試験を準用した溶出試験のみを行い，解説 表 4.2.1 に示した港湾用途溶出量基準で判定する．

　試験に供する試料は各試験方法が規定する粒度に調整する必要がある．例えば，JIS K 0058-1 試験で溶出

解説 表 4.2.2　環境安全品質基準（含有量基準）※

項目	含有量基準 土壌含有量基準[§] (mg/kg)
カドミウム	150　以下
鉛	150　以下
六価クロム	250　以下
砒素	150　以下
水銀	15　以下
セレン	150　以下
ふっ素	4,000　以下
ほう素	4,000　以下

※　受渡検査では，受渡当事者間の協議により，検査の一部または全てを省略できる
§　平成 14 年環境省告示第 29 号，2021 年 4 月よりカドミウム 45 mg/kg 以下に改正

試験を行う場合は，材のライフサイクル全体を見渡して最も懸念される使用状況を想定した利用時の形態で実施するが，環告 18 号試験または環告 14 号試験の場合は，試料の全量を各試験方法に規定する粒度に破砕して実施しなければならない．なお，材を本指針（案）に記載されていない用途で使用する場合の検査項目・方法および品質基準は，受渡当事者間の協議の上，設定するものとする．

　各検査は原則として製造者が実施するが，塑性材やスラリー材では施工箇所で固化体を構築するため，強度や環境安全性が要求品質に適合していることを確認して施工者に引き渡す時点までを責任範囲とすることが基本である．ただし，打ち込みや養生など施工者の行為によって製品の品質に影響を及ぼす可能性がある場合には，製造者は事前に取り扱いの留意点を購入者（施工者）に対して十分に説明しておくことが必要である．

　なお，石炭灰混合材料の用途によって検査項目と対応する基準は異なる．したがって，製造者は，材が型式検査・受渡検査で対象としている利用用途に使われることを発注者に確認し，製造者の意図しない用途に使われないようにしなければならない．

　（2）について　検査の実施者は，型式検査と受渡検査の結果を検査報告書にとりまとめなければならない．検査報告書は，石炭灰混合材料の製造者，施工者，工事の発注者および施設管理者の間で共有しなければならない．施設管理者は施設の供用期間中これを保存し，施設の維持管理や撤去再利用時の品質管理に活用することが望ましい．

4.2　型式検査

（1）　配合設計に基づいて作製した石炭灰混合材料が目標とする品質に適合することを，型式検査により検査する．

（2）　要求される品質を利用用途毎に設定し，型式検査における検査項目と基準を規定する．

（3）　型式検査は，原則として製造者が実施する．

【解　説】　（1），（2）および（3）について　型式検査は，予定されている利用用途の要求品質に対する適合性を判定するための検査であり，配合設計後，製品製造に先立ち，実験室または製造プラントで作製した供試体を用いて実施する．型式検査の方法の詳細（検査項目，試験方法および基準値など）は，材の

形態や用途ごとに異なるものであり，受渡当事者間の協議によって規定する．原則として，型式検査は製造者が実施するが，このうち環境安全性に関わる検査については製造者から委託を受けた JIS Q 17025 認定試験事業者または計量証明事業者が行う．

　なお，塑性材およびスラリー材は施工箇所で固化体を構築するため，強度や環境安全性が要求品質に適合していることを確認して施工者に引き渡す時点までを責任範囲とすることが基本となる．ただし，打ち込みや養生など施工者の行為によって製品の品質に影響を及ぼす可能性がある場合には，製造者は事前に取り扱いの留意点を購入者（施工者）に対して十分に説明しておくことが必要である．

a) 供試体

　検査に供する試料は，対象となる材の製造実態，品質管理実態等を考慮し，製品を代表する方法を定めて用意する．材の形態別に以下に示す．

①粒状材：配合設計を基に実験室で作製，または製造プラント（工場）で製造した材を検査の対象とし，その粒度分布に応じて各試験に必要な量を作製する．試料の材齢は，7 日から 28 日の間のいずれかの期間に設定する．

②塑性材：配合設計を基に実験室，または製造プラントで原料を練り混ぜた材を各試験に定める大きさ・数量のモールドに打設し，養生することで必要な量を作製する．供試体の作製方法は，JGS 0811（安定処理土の突固めによる供試体作製方法），または JGS 0812（安定処理土の静的固めによる供試体作製方法）による．養生方法は供試体を密封した上で空気中養生とし，養生期間は 7 日から 28 日の間のいずれかの期間に設定する．

③スラリー材：配合設計を基に実験室，または製造プラントで原料を練り混ぜた材を各試験に定める大きさ・数量のモールドに打設し，養生することで必要な量を作製する．供試体の作製方法は，JIS A 1132（コンクリート強度試験用供試体の作り方）の 4.（圧縮強度試験用供試体）による．養生方法は供試体を密封した上で空気中養生とし，養生期間は 7 日から 28 日の間のいずれかの期間に設定する．

b) 物理特性，力学特性に関わる検査

　型式検査の項目と目標とする品質は，対象とする地盤・土構造物に関する技術基準類に基づき，検査項目，試験方法および目標とする品質を設定し検査を行う．検査項目と試験方法の例を**解説 表 4.2.3** から**解説 表 4.2.7** にとりまとめる．なお，塑性材およびスラリー材の一軸圧縮試験は原則 28 日強度で評価し，適切な変動係数を考慮して試験結果を整理する．

c) 環境安全性に関わる検査

　試験に供する試料は各試験方法が規定する粒度に調整する必要がある．例えば，JIS K 0058-1 試験で溶出試験を行う場合は，材のライフサイクル全体を見渡して最も懸念される使用状況を想定した利用時の形態で実施するが，環告 18 号試験または環告 14 号試験の場合は，試料の全量を各方法に規定の粒度に破砕して実施しなければならない．なお，材を本指針（案）に記載されていない用途で使用する場合の検査項目・方法および品質基準は，受渡当事者間の協議の上，設定するものとする．

　環境安全性に関わる型式検査の項目および試験方法を材の形態別に示す．

①粒状材：試験に供する粒状材は粉砕せず，その粒度分布に応じて JIS M 8100 に規定する縮分方法を用いて**解説 表 4.2.8** に示す試料量以上を調製する．その後，**解説 表 4.2.9** および**解説 表 4.2.10** に示す粒度に調整する．溶出試験・含有量試験および環境安全品質基準は，**解説 表 4.2.11** および**解説 表 4.2.12** を参考に設定し，**解説 表 4.2.1** および**解説 表 4.2.2** に示した基準値により適合性を判断する．

解説 表 4.2.3　物理特性，力学特性に関わる用途別試験項目例　一般土木工事，建築工事（粒状材）

項目　試験方法		下層路盤材，上層路盤材	路体盛土材，路床盛土材	高規格堤防盛土材	一般堤防盛土材	埋戻材	裏込材	バーチカルドレーン材 サンドマット材	サンドコンパクションパイル材	建築基礎工事砕石
湿潤密度，乾燥密度	JIS A 1225	○	○	○	○	○	○	○	○	○
粒度	JIS A 1204	○		○				○	○	○
最大粒径	JIS A 1204		○	○	(○)	(○)	(○)			
細粒分含有率	JGS 0135			○	(○)	(○)	(○)			
含水比	JIS A 1213	○	○	○	○	○	○	○	○	(○)
塑性指数	JGS 0141	○					(○)			○
コーン指数	JIS A 1228			○	○					
修正 CBR	JIS A 1211	○	(○)			(○)				(○)
最適含水比	JIS A 1210	○	○	○	○	○	○	○	○	(○)
透水係数	JGS 0311							○	○	
安定性損失率	JIS A 1122	(○)								

解説 表 4.2.4　物理特性，力学特性に関わる用途別試験項目例　港湾土木工事（粒状材）

項目　試験方法		下層路盤材，上層路盤材	路体（築堤）盛土材，路床盛土材	埋立材	バーチカルドレーン材 サンドマット材	サンドコンパクションパイル材	裏込材	裏埋材	海域における環境修復材（覆砂材）
湿潤密度，乾燥密度	JIS A 1225	○	○	○	○	○	○	○	○
粒度分布	JIS A 1204	○			○				
最大粒径	JIS A 1204		○				(○)		
細粒分含有率	JGS 0135				○	(○)			
含水比	JIS A 1213	○	○	○	○	○	○		
塑性指数	JGS 0141	○							
コーン指数	JIS A 1228			○			○		
修正 CBR	JIS A 1211	○	(○)						
最適含水比	JIS A 1210	○	○	○	○	○	○	○	
透水係数	JGS 0311				○	○			
安定性損失率	JIS A 1122	(○)							

・　供試体の作製は，JIS A 1210（突固めによる土の締固め試験）による．
・　破砕前の固化体を対象に一軸圧縮強さを測定する場合は，JIS A 1108（コンクリートの圧縮試験方法）を用いても良い．

②塑性材：直径 50 mm×高さ 100 mm のプラスチック製モールドを用いて，JGS 0811 安定処理土の突固めによる供試体作製方法，または JGS 0812 安定処理土の静的固めによる供試体作製方法により供試体を作製する．打設した供試体は密封した上で空気中養生とし，7〜28 日間養生後脱型した後，**解説 表** 4.2.9 および **解説 表** 4.2.10 に示した粒度に調整する．溶出試験・含有量試験および環境安全品質基準は，**解説 表** 4.2.13 および **解説 表** 4.2.14 を参考に設定し，**解説 表** 4.2.1 および **解説 表** 4.2.2 に示した基準値により適合性を判断する．

③スラリー材：直径 50 mm×高さ 100 mm のプラスチック製モールドを用いて，JIS A 1132（コンクリート強度試験用供試体の作り方）の 4.（圧縮強度試験用供試体）によりキャッピングまでを行う．打設した供試体は密封した上で空気中養生とし，7〜28 日間養生後脱型した後，**解説 表** 4.2.9 に示した粒度に調整する．溶出試験・含有量試験および環境安全品質基準は，**解説 表** 4.2.15 を参考に設定し，**解説 表** 4.2.1 および **解説 表** 4.2.2 に示した基準値により適合性を判断する．

解説 表 4.2.5　物理特性，力学特性に関わる用途別試験項目例　一般土木工事（塑性材）

項目　試験方法		上層路盤材，下層路盤材	路体盛土材，路床盛土材	高規格堤防盛土材	一般堤防盛土材	埋戻材	裏込材
湿潤密度，乾燥密度	JIS A 1225	○	○	○	○	○	○
含水比	JIS A 1213	○	○	○	○	○	○
一軸圧縮強さ 一軸圧縮強度*	JIS A 1216 JIS A 1108	○					
コーン指数	JIS A 1228		○	○	○	○	○

- 供試体の作製は，JIS A 1132（コンクリート強度試験用供試体の作り方）の 4.（圧縮強度試験用供試体），JGS 0811（安定処理土の突固めによる供試体作製方法），または JGS 0812（安定処理土の静的固めによる供試体作製方法）による．
- ＊ 供試体の強度が大きい場合は，JIS A 1108（コンクリートの圧縮試験方法）を用いても良い．

解説 表 4.2.6　物理特性，力学特性に関わる用途別試験項目例　港湾土木工事（塑性材）

項目　試験方法		上層路盤材，下層路盤材	路体（築堤）盛土材，路床盛土材	埋立材	裏込材	裏埋材
湿潤密度，乾燥密度	JIS A 1225	○	○	○	○	○
含水比	JIS A 1213	○	○	○	○	○
一軸圧縮強さ 一軸圧縮強度*	JIS A 1216 JIS A 1108	○				
コーン指数	JIS A 1228		○	○	○	○

- 供試体の作製は，JIS A 1132（コンクリート強度試験用供試体の作り方）の 4.（圧縮強度試験用供試体），JGS 0811（安定処理土の突固めによる供試体作製方法），または JGS 0812（安定処理土の静的固めによる供試体作製方法）による．
- ＊ 供試体の強度が大きい場合は，JIS A 1108（コンクリートの圧縮試験方法）を用いても良い．

d) 検査の頻度

　型式検査は，配合設計後，製品の繰り返し製造が始まる前に実施し，製造開始後も配合・製造方法を変更する場合等に実施することを基本とする．例えば，①原料であるフライアッシュ等の性状が大きく変わり，使用する固化材の種類・量が大きく変わる，または②製造方法（機材や運転条件）の大幅な変更，等が挙げられる．また，配合設計等が変わらない場合であっても，材を長期間または大量に製造する場合は，年間 1 回以上，または 100,000 m³ につき 1 回以上などのように，必要な頻度を定めて型式検査を実施しなければならない．

　検査結果は検査報告書に記載し，原則として製品出荷時に，発注者および施工者に提出する（4.4）．

解説 表4.4.7　物理特性，力学特性に関わる用途別試験項目例一般土木工事，港湾土木工事（スラリー材）

項目　試験方法	利用用途	一般土木工事		港湾土木工事			
		埋戻材	裏込材	裏込材	裏埋材	中詰材	遮水材 処分場
湿潤密度，乾燥密度	JIS A 1225	○	○	○	○	○	○
フロー値 スランプ値	JHS A 313 JSCE-F 521 JIS A 1101	○	○	○	○	○	○
含水比	JIS A 1213	○	○	○	○	○	○
ブリーディング率		○	○	○			
一軸圧縮強さ 一軸圧縮強度*	JIS A 1216 JIS A 1108	○	○	○		(○)	○
コーン指数	JIS A 1228				○		
透水係数†	JGS 0311						○

・　供試体の作製は，JIS A 1132（コンクリート強度試験用供試体の作り方）の 4.（圧縮強度試験用供試体）による
＊　強度が大きい場合は，JIS A 1108（コンクリートの圧縮試験方法）を用いても良い
†　三軸透水試験（変水位法）で行うことが望ましい

解説 表4.2.8　環境安全性に関わる試験に供する試料の最大粒径と試験に必要な試料量（1検体分）

最大粒径（mm）	37.5〜53.0	31.5〜37.5	26.5〜31.5	16.0〜26.5	9.5〜16.0	9.5 未満
試料量（g）	3,000	2,000	1,000	500	200	100

解説 表4.2.9　溶出試験・含有量試験に供する試料の粒度調整方法

形態	粒度調整	試料の調製方法
利用有姿	A	粉砕・ふるい分け等せず，そのまま状態．ただし，最大粒径が 53 mm を超える場合は，最大粒径が 37.5〜53.0 mm の範囲に入るように試料を粉砕
	A'	直径 50 mm×高さ 100 mm モールドから脱型
RC-40 相当	B	解説 表4.2.10 に示す粒度分布になるように粉砕・ふるい分け
2 mm 粉砕	C	全量が 2 mm 目ふるいを通過するように粉砕
5 mm 粉砕	D	全量が 5 mm 目ふるいを通過するように粉砕

解説 表 4.2.10　粒度調整 B の粒度区分の混合割合

粒度区分 (mm)	40 以上	40～20	20～5	5～2.5	2.5 以下	合計
質量分率 (%)	0	30±5	40±5	10±5	20±5	100

・ ふるいは，JIS Z 8801 に規定する呼び寸法 37.5 mm，19 mm，4.75 mm，2.36 mm のものを使用する.

解説 表 4.2.11　環境安全性に関わる試験方法と基準　一般土木工事，建築工事（粒状材）

試験方法 / 基準 （利用用途）	下層路盤材，上層路盤材	路体盛土材，路床盛土材	高規格堤防盛土材	一般堤防盛土材	埋戻材	裏込材	バーチカルドレーン材，サンドマット材	サンドコンパクションパイル材	建築基礎工事砕石
溶出量：環告 18 号試験 土壌溶出量基準		(C)§	(C)§	(C)§	(C)§				
溶出量：JIS K 0058-1 試験 一般用途溶出量基準	B	A	A	A	A	A	A	A	B
含有量：環告 19 号試験 土壌含有量基準		(C)§	(C)§	(C)§	(C)§				
含有量：JIS K 0058-2 試験 含有量基準	C								C

・ A～C は試料の粒度調整の方法を示す. 詳細は解説 表 4.2.9 および解説 表 4.2.10 を参照. 各基準は解説 表 4.2.1 および解説 表 4.2.2 を参照.
§ 仮設構造物としての使用，露出した状態での使用，または掘削・再利用等が想定される場合，JIS K 0058-1 試験による検液作成と一般用途溶出量基準による判定に代わり実施する.

解説 表 4.2.12　環境安全性に関わる試験方法と基準　港湾土木工事（粒状材）

試験方法 / 基準 （利用用途）	下層路盤材，上層路盤材	路体（築堤）盛土材，路床盛土材	埋立材	バーチカルドレーン材，サンドマット材	サンドコンパクションパイル材	裏込材	裏埋材	海域における環境修復材（覆砂材）
溶出量：環告 18 号試験 土壌溶出量基準		(C)*	(C)*					
溶出量：環告 14 号試験 水底土砂に係る判定基準								(D)※
溶出量：JIS K 0058-1 試験 一般用途溶出量基準	B							
溶出量：JIS K 0058-1 試験 港湾用途溶出量基準		A	A	A	A	A	A	A
含有量：環告 19 号試験 土壌含有量基準		(C)*	(C)*					
含有量：JIS K 0058-2 試験 含有量基準	C							(C)†

・ A～D は試料の粒度調整の方法を示す. 詳細は解説 表 4.2.9 および解説 表 4.2.10 を参照. 各基準は解説 表 4.2.1 および解説 表 4.2.2 を参照.
＊ 仮設構造物としての使用，露出した状態での使用，または掘削・再利用等が想定される場合，JIS K 0058-1 試験による検液作成と港湾用途溶出量基準による判定に代わり実施する.
※ 受渡当事者間の協議の上，JIS K0058-1 試験，港湾用途溶出量基準に代わり実施できる
† 露出した状態での使用が想定される場合，受渡当事者間で実施を協議する.

解説 表 4.2.13　環境安全性に関わる試験方法と基準　一般土木工事（塑性材）

試験方法／基準 ＼ 利用用途		下層路盤材, 上層路盤材,	路床盛土材, 路体盛土材	高規格堤防盛土材	一般堤防盛土材	埋戻材	裏込材
溶出量	環告 18 号試験 土壌溶出量基準		(C)§	(C)§	(C)§	(C)§	
	JIS K 0058-1 試験 一般用途溶出量基準	B	A'	A'	A'	A'	A'
含有量	環告 19 号試験 土壌含有量基準		(C)§	(C)§	(C)§	(C)§	
	JIS K 0058-2 試験 含有量基準	C					

- A〜C は試料の粒度調整の方法を示す．詳細は**解説 表 4.2.9** および **解説 表 4.2.10** を参照．各基準は**解説 表 4.2.1** および **解説 表 4.2.2** を参照．

§ 仮設構造物としての使用，露出した状態での使用，または掘削・再利用等が想定される場合，JIS K 0058-1 試験による検液作成と一般用途溶出量基準による判定に代わり実施する．

解説 表 4.2.14　環境安全性に関わる試験方法と基準　港湾土木工事（塑性材）

試験方法／基準 ＼ 利用用途		下層路盤材, 上層路盤材,	路床盛土材, 路体（築堤）盛土材	埋立材	裏込材	裏埋材
溶出量	環告 18 号試験 土壌溶出量基準		(C)*	(C)*		
	JIS K 0058-1 試験 一般用途溶出量基準	B				
	JIS K 0058-1 試験 港湾用途溶出量基準		A'	A'	A'	A'
含有量	環告 19 号試験 土壌含有量基準		(C)*	(C)*		
	JIS K 0058-2 試験 含有量基準	C				

- A〜C は試料の粒度調整の方法を示す．詳細は**解説 表 4.2.9** および **解説 表 4.2.10** を参照．各基準は**解説 表 4.2.1** および **解説 表 4.2.2** を参照．

* 仮設構造物としての使用，露出した状態での使用，または掘削・再利用等が想定される場合，JIS K 0058-1 試験による検液作成と港湾用途溶出量基準による判定に代わり実施する．

解説 表 4.2.15　環境安全性に関わる試験方法と基準　一般土木工事，港湾土木工事（スラリー材）

試験方法／基準		一般土木工事		港湾土木工事			
	利用用途	埋戻材	裏込材	裏込材	裏埋材	中詰材	遮水材／処分場
溶出量	環告 18 号試験 土壌溶出量基準	(C)§					
	JIS K 0058-1 試験 一般用途溶出量基準	A'	A'				
	JIS K 0058-1 試験 港湾用途溶出量基準			A'	A'	A'	A'
含有量	環告 19 号試験 土壌含有量基準	(C)§					

・ A' および C は試料の粒度調整の方法を示す．詳細は**解説 表 4.2.9** を参照．
・ 各基準は**解説 表 4.2.1** および**解説 表 4.2.2** を参照．
§ 仮設構造物としての使用，露出した状態での使用，または掘削・再利用等が想定される場合，JIS K 0058-1 試験による検液作成と一般用途溶出量基準による判定に代わり実施する．

4.3　受渡検査

（1）　製造した粒状材が型式検査に合格したものと同等の品質を有していることを受渡検査により検査する．

（2）　受渡検査は，型式検査と同じ項目，基準で判定することを基本とするが，試験データの蓄積等を踏まえて，受渡当事者間の協議の上，検査項目の一部を省略することができる．

（3）　受渡検査は，原則として製造者が実施する．

【**解説**】　（1），（2）および（3）について　受渡検査は，製品の製造開始後，型式検査に合格したものと同じ配合で製造した石炭灰混合材料が，型式検査に合格したものと同等の品質を有していることを確認，保証するための検査である．検査は原則として製造者が実施するが，環境安全性に関わる検査については製造者から委託を受けた JIS Q 17025 認定試験事業者または計量証明事業者が行う．なお，塑性材およびスラリー材は，施工箇所で固化体を構築するため，強度や環境安全性が要求品質に適合していることを確認して施工者に引き渡す時点までを責任範囲とすることが基本である．ただし，打ち込みや養生など施工者の行為によって製品の品質に影響を及ぼす可能性がある場合には，製造者は事前に取り扱いの留意点を購入者（施工者）に対して十分に説明しておくことが必要である．受渡検査の詳細を a)～d)に示す．

a) 供試体

　検査に供する試料は，対象となる材の製造実態，品質管理実態等を考慮し，製品を代表する方法を定めて用意する．材の形態ごとに以下に示す．

① 粒状材：製造プラント（工場）で製造し，現地で受渡しが行われる材を検査の対象とする．供試体の材齢は，7 日から 28 日の間のいずれかの期間に設定し，合理的な採取方法を定め，粒度分布に応じて各試験に必要な量を採取する．

② 塑性材およびスラリー材：製造プラントで製造した材を用いるが，実験室等で養生した供試体を用いる方法と，施工場所から削孔採取した供試体を用いる方法があり，どちらを選んでも良い．前者の場合，塑性

材については，製造プラントで原料を練り混ぜた後，各試験に定める大きさ・数量のモールドに，JGS 0811（安定処理土の突固めによる供試体作製方法），または JGS 0812（安定処理土の静的固めによる供試体作製方法）により作製する．また，スラリー材については，JIS A 1132（コンクリート強度試験用供試体の作り方）の 4.（圧縮強度試験用供試体）により作製する．養生方法は供試体を密封した上で空気中養生とし，養生期間は 7 日から 28 日の間のいずれかの期間に設定する．一方，後者の場合は，設定した養生期間に達した箇所で行うチェックボーリングのコアを用いる．その際，固化した材は，硬質粘性土相当の改良土とみなすことができることから，サンプラーにはロータリー式三重管サンプラーを用いることが多い．コアの採取位置は，一般的な改良体の品質管理に準じて，施工した材の中心から直径で 1/4 ほど離れた付近とし，採取深さは材の上端から 20 cm 以深を基本とする．サンプリングは無水で行い，かつ振動・衝撃をなるべく抑えるようにする．

b) 物理特性，力学特性に関わる検査

　基本的に受渡検査の試験方法および目標とする品質は型式検査と同じものとするが，受渡当事者間の協議の上，検査項目の一部または全部を省略することができる．

c) 環境安全性に関わる検査

　基本的に受渡検査の試験方法および目標とする品質は，型式検査と同じとするが，試験データの蓄積等を踏まえて，受渡当事者間の協議の上，検査項目の一部を省略しても良い．その場合，これまでの試験結果から環境基準値等を大きく下回る，または検出下限以下である項目が対象となる．なお，**解説 表 4.2.1** には，溶出試験において省略の候補となる項目を挙げている．これらは，石炭灰混合材料から溶出する可能性が低いと判断される元素である（**付録Ⅳ**．ただし，原料として重金属等を含むまたは溶出する恐れのある副添加材，土砂等を使用している場合は除く）．その他の元素についても，試験データの蓄積が十分にあり，省略できることの根拠についてデータを用いて説明できるのであれば，検査を省略することができる．また，含有量については，フライアッシュ単味でも土壌含有量基準または含有量基準を超過する可能性が極めて低いため（**付録Ⅱ**），受渡当事者間の協議の上，検査の実施を省略可能とした．なお，型式検査の試験方法との整合が確認され，かつ石炭灰混合材料に適用可能な簡易迅速分析法がある場合は，その方法を用いて検査を行っても良い．

d) 検査の頻度

　受渡検査はロット単位で実施する検査である．製造ロットは製造プラントごとの製造実態および品質管理実態に応じて，受渡当事者間の協議によって規定されるものとするが，原則として 1 か月につき 1 回以上，または 5000 m³ につき 1 回以上実施するものとする．なお，1 か月に 1 回以上という頻度は，鐵鋼スラグ協会の定めた「鉄鋼スラグ製品の管理に関するガイドライン」（2005（2019 改正））における鉄鋼スラグ製品出荷検査の頻度と同等であり，5000 m³ につき 1 回以上の頻度は，土壌環境センター「埋め戻し土壌の品質管理指針」における「汚染の恐れが少ない土地の土壌における客土の調査頻度」と同等である．

　検査結果は検査報告書に記載し，対応する型式検査の報告書とともに，原則として製品出荷時に発注者および施工者に提出する（4.4）．

4.4　検査報告書

（1）　製造者等は，型式検査および受渡検査の検査記録を記載した検査報告書を作成する．

（2）　検査報告書の作成者は，検査報告書を保存するとともに，発注者と施工者に同一の検査報告書を

提出する.

（3）　発注者と施設管理者が異なる場合，発注者は検査報告書を施設管理者に提出する.

（4）　施設管理者は，施設を供用している間，検査報告書を保存するように努める.

【解　説】　　（1）について　型式検査および受渡検査を行った製造者等は，これら検査の結果を記載した検査報告書を作成する. 検査報告書には，次の事項を記載しなければならない. 環境安全性に関わる検査報告書のフォーマットの例を**解説　図 4.4.1** および**解説　図 4.4.2** に示す.

① 製造業者名，施工業者名またはそれぞれの略号

② 製造年月日または，製造年月[※1]

③ 製造番号または製造ロット番号[※1]

④ 原料および配合

⑤ 利用用途

⑥ 検査年月日

⑦ 試験事業者名および検査員名

⑧ 型式検査結果

⑨ 受渡検査結果

⑩ 検査結果の判定

　※1　②と③はいずれか 1 つ以上を記載すればよい.

　（2）および（3）について　原則として，粒状材の製造者は粒状材の出荷時，塑性材とスラリー材の製造者は施工時までに検査報告書を発注者と施工者に提出する. なお，塑性材とスラリー材の受渡検査は，検査報告書の提出時までに結果が揃わないため，型式検査の結果のみを記載した検査報告書を先に提出し，受渡検査の結果を随時追加提出するものとする. その際，製造者は，発注者に型式検査・受渡検査で対象としている利用用途に材が使われることを確認し，製造者が意図しない用途に使われないようにしなければならない. 発注者と施設管理者が異なる場合，発注者は検査報告書を施設管理者に提出する.

　（4）について　石炭灰混合材料は用途に応じた環境安全品質が設定されており，その用途で利用している間は環境安全性が確保されている. しかし，掘削されて別用途に使用される場合は，新たな利用用途に求められる環境安全品質に必ずしも適合するとは限らない. したがって，石炭灰混合材料の品質と所在を記録し，持続的に管理しておく必要がある. そこで，発注者もしくは施設管理者は検査報告書を必要な期間（少なくとも 5 年間）保存するものとするが，可能であれば施設管理者については検査報告書を施工記録に添付して，施設を供用している間，保存することが望ましい. 製造者については，需要家から要求があった場合には，速やかに検査報告書を提出できるよう，持続的に検査報告書を保存することが望ましい. また，施設の供用中に管理者を変更する場合,施設管理者は検査報告書を適切に次の施設管理者に引き渡すものとする.

解説 図4.4.1　検査報告書例（型式検査 検査方法：JIS K 0058-1, JIS K 0058-2）

年　　　月　　　日

環境安全性に関わる型式検査　検査報告書

製造会社・工場名＿＿＿＿＿＿＿＿＿＿＿＿＿＿＿＿＿＿＿＿＿＿＿＿

製品名　＿＿＿＿＿＿＿＿＿＿＿＿＿　（材の形態*：＿＿＿＿＿＿＿＿）＊粒状材，塑性材，スラリー材

利用用途＿＿＿＿＿＿＿＿＿

供試体に係る情報

製造年月日　　　　　　：

原料
および配合　　　　　　：

供試体の作製方法
および材齢　　　　　　：

検査に係る情報

検査年月日：　　　　　　年　　　月　　　日

試験事業者名および検査員名：

供試体の粒度：

溶出試験	試験方法：	JIS K 0058-1 5	基準：　一般用途溶出量基準
含有量試験	試験方法：	JIS K 0058-2	基準：　含有量基準

検査結果

項目	溶出試験		含有量量試験	
	試験結果 （mg/L）	一般用途溶出量 基準（mg/L）	試験結果 （mg/kg）	含有量基準 （mg/kg）
カドミウム		0.003以下		150以下
鉛		0.01以下		150以下
六価クロム		0.05以下		250以下
砒素		0.01以下		150以下
水銀		0.0005以下		15以下
セレン		0.01以下		150以下
ふっ素		0.8以下		4,000以下
ほう素		1以下		4,000以下
銅	—	—	—	—
亜鉛	—	—	—	—
総クロム	—	—	—	—
ニッケル	—	—	—	—
バナジウム	—	—	—	—
ベリリウム	—	—	—	—

検査結果の判定＿＿＿＿＿＿＿＿

解説 図4.4.2　検査報告書例（受渡検査 検査方法：JIS K 0058-1, JIS K 0058-2）

年　　月　　日

環境安全性に関わる受渡検査　検査報告書

製造会社・工場名 _____

施　工　会　社 _____

製品名 _____　製造番号または製造ロット番号 _____

利用用途 _____

供試体に係る情報

原料
および配合　　　：

供試体の作製・採取
方法および材齢　：

検査に係る情報

検査年月日：　　　　年　　月　　日

試験事業者名および検査員名：

供試体の粒度：

溶出試験　　試験方法：　JIS K 0058-1 5.　　　基準：　一般用途溶出量基準

含有量試験　試験方法：　JIS K 0058-2　　　　基準：　含有量基準

検査結果

項目	溶出試験		含有量量試験	
	試験結果 (mg/L)	一般用途溶出量基準 (mg/L)	試験結果 (mg/kg)	含有量基準 (mg/kg)
カドミウム※		0.003以下		150以下
鉛※		0.01以下		150以下
六価クロム※		0.05以下		250以下
砒素※		0.01以下		150以下
水銀※		0.0005以下		15以下
セレン※		0.01以下		150以下
ふっ素※		0.8以下		4,000以下
ほう素※		1以下		4,000以下
銅	—	—	—	—
亜鉛	—	—	—	—
総クロム	—	—	—	—
ニッケル	—	—	—	—
バナジウム	—	—	—	—
ベリリウム	—	—	—	—

※ 受渡当事者間の協議により省略可能な項目

検査結果の判定 _____

参考

参考　関連する技術基準類・法令等

関連する技術基準類等

国土交通省都市局・道路局：道路土工構造物技術基準，2015.

日本道路協会：道路土工-盛土指針（平成 22 年度版），2010.

日本道路協会：道路土工-擁壁工指針（平成 21 年度版），2010.

日本道路協会：道路土工-カルバート工指針（平成 21 年度版），2010.

日本道路協会：道路橋示方書・同解説　IV 下部構造編，2017.

日本道路協会：舗装設計施工指針（平成 18 年版），2006.

日本道路協会：舗装設計便覧（平成 18 年版），2006.

日本道路協会：舗装再生便覧（平成 22 年版），2010.

日本道路協会：舗装調査・試験法便覧（平成 31 年度版），2019.

日本道路公団：気泡混合軽量土を用いた軽量盛土工法の設計・施工指針，1996.

リバーフロント整備センター：高規格堤防盛土の設計・施工マニュアル，2000.

港湾空港総合技術センター：空港土木工事共通仕様書（平成 31 年 4 月），2019.

国土交通省港湾局：港湾工事共通仕様書（平成 31 年 3 月），2019.

日本港湾協会，国土交通省港湾局（監修）：港湾の施設の技術上の基準・同解説（平成 30 年 5 月），2018.

国土交通省港湾局，航空局：港湾・空港等整備におけるリサイクルガイドライン（改訂），2018.

国土交通省港湾局：浚渫土砂等の海洋投入及び有効利用に関する技術指針（改訂案），2013.

環境省水・大気環境局：海域における土砂類の有効利用に関する指針，2018.

国土交通省 水管理・国土保全局：河川砂防技術基準 設計編，1989.

国土技術研究センター：河川土工マニュアル（平成 21 年 4 月版），2009.

日本水産資源保護協会：水産用水基準第 8 版，2018.

公共建築協会，国土交通省大臣官房環境営繕部（監修）：公共建築工事標準仕様書（建築工事編）（平成 31 年版），2019

公共建築協会，国土交通省大臣官房環境営繕部（監修）：建築工事監理指針（令和元年版），2019.

土木研究所，流動化処理工法総合監理（編）：流動化処理土利用技術マニュアル（平成 19 年/第 2 版），2008.

セメント協会：セメント系固化材による地盤改良マニュアル（第 4 版），2014.

経済産業省産業技術開発局：コンクリート用骨材又は道路用等のスラグ類に化学物質評価方法を導入する指針に関する検討会総合報告書，2012.

国土交通省中国地方整備局広島港湾空港技術調査事務所：石炭灰造粒物による底質改善の手引き，2013.

広島県土木建築局河川課：石炭灰造粒物による環境改善手法の手引き感潮河川域編，2017.

石炭エネルギーセンター：石炭灰混合材料有効利用ガイドライン（統合改訂版），2018.

石炭エネルギーセンター：石炭灰混合材料有効利用ガイドライン（エージング灰（既成灰）編），2016.

関連法令等

公有水面埋立法（大正十年法律第五十七号）

港湾法（昭和二十五年法律第二百十八号）

道路法（昭和二十七年法律第百八十号）

海岸法（昭和三十一年法律第百一号）

河川法（昭和三十九年法律第百六十七号）

海洋汚染等及び海上災害の防止に関する法律（昭和四十五年法律第百三十六号）

水質汚濁防止法（昭和四十五年法律第百三十八号）

環境基本法（平成五年法律第九十一号）

環境影響評価法（平成九年法律第八十一号）

土壌汚染対策法（平成十四年法律第五十三号）

廃棄物の処理及び清掃に関する法律（昭和四十五年法律第百三十七号）

資源の有効な利用の促進に関する法律（平成三年法律第四十八号）

国等による環境物品等の調達の推進等に関する法律（平成十二年法律第百号）

循環型社会形成推進基本法（平成十二年法律第百十号）

建設工事に係る資材の再資源化等に関する法律（平成十二年法律第百四号）

道路法施行令（昭和 27 年政令 479 号）

河川管理施設等構造令（昭和 51 年政令第 199 号）

資源の有効な利用の促進に関する法律施行令（平成 3 年政令第 327 号）

道路法施行規則（昭和 27 年建設省令第 25 号）

海洋汚染等及び海上災害の防止に関する法律施行令第五条第一項に規定する埋立場所等に排出しようとする金属等を含む廃棄物に係る判定基準を定める省令（昭和 48 年総理府令第 6 号）

土壌汚染対策法施行規則（平成 14 年環境省令第 29 号）

海洋汚染及び海上災害の防止に関する法律施行令第五条第一項に規定する埋立場所等に排出しようとする廃棄物に含まれる金属等の検定方法（昭和 48 年 2 月環境庁告示第 14 号）

土壌の汚染に係る環境基準について（平成 3 年 8 月環境庁告示第 46 号）

土壌溶出量調査に係る測定方法を定める件（平成 15 年 3 月環境省告示第 18 号）

土壌含有量調査に係る測定方法を定める件（平成 15 年 3 月環境省告示第 19 号）

発生土利用基準について（国官技第 112 号，国官総第 309 号，国営計第 59 号，平成 18 年 8 月 10 日）

海洋汚染防止法の施行について（官安第 289 号，昭和 47 年 9 月 6 日）

土壌の汚染に係る環境基準についての一部改正について（環水土第 44 号，平成 13 年 3 月 28 日）

土壌汚染対策法の一部を改正する法律による改正後の土壌汚染対策法の施行について（環水大土発第 1903015 号，平成 31 年 3 月 1 日）

行政処分の指針について（通知）（環循規発第 18033028 号，平成 30 年 3 月 30 日）

付録

付録 I （参考）石炭灰混合材料の用途別適用，製造および施工

1．粒 状 材

1.1　一　　般

　粒状材は，製造プラント（工場）で固化，粒度調整まで行った後，出荷される地盤材料である．製造方法や破砕方法により品質特性も個々に異なるため，適用にあたっては関係する技術基準類を満足した上で適用箇所に要求される材料基準を満足するものを選定しなければならない．また，その製品の調達，運搬，仮置き・貯蔵，施工および出来形管理までの取り扱いについて，購入者（施工者）は供給者に留意点を事前に確認し，施工計画に反映させなければならない．

1.2　粒状材の用途別適用と留意点

　粒状材は，製造方法や破砕方法等により特性が個々に異なるため，適用にあたっては要求される材料基準を満足するものを選定する必要がある．構造設計に使用する粒状材の物理特性および力学特性は，土質試験等を行い確認することが望ましいが，粒状材は製造プラント（工場）において製造される製品であることから，製造者の提供する値を使用することもできる．ただし，その際は，その値を測定した時の材の締固め度等に留意する．実施工する粒状材の品質については，検査報告書等により確認する．

　粒状材の製造プラント（工場）は，石炭火力発電所の近隣に立地していることが多いため，石炭火力発電所付近で地盤・土構造物を構築する場合には経済的に材料を調達できる可能性が高い．ただし，製造プラントでの製品貯蔵量や日製造量は個々の製造プラントによって異なるため，粒状材を工事に利用する場合には，調達可能量と受入時期，製造プラントから施工場所までの距離，運搬方法といった供給体制について考慮する必要がある．

　粒状材の主な利用用途における適用と留意すべき事項を 1.2.1～1.2.10 に示す．なお，以降に示す要求品質はいずれも参考であり，実際の適用にあたっては，それぞれの用途および適用箇所に関わる技術基準類に従い，適切に行う必要がある．その際，これらの規定は天然材料を前提として書かれているので，その用途に求められる要求品質と，適用する粒状材の特性（物理特性，力学特性，環境安全性）について十分検討を行う必要がある．

1.2.1　盛 土 材

　盛土工に適用する粒状材の品質の参考として，土木研究所の「建設発生土利用技術マニュアル」に基づく値を表 1.2.1 に示す．粒状材は，単位体積重量が比較的小さいことに加え，良質土に相当するせん断強度を有するため，盛土荷重によって基礎地盤が不安定となるような場合には，通常の土砂等と比較して設計上有利となる．基礎地盤は，盛土施工のトラフィカビリティ（施工現場の地面が建設機械の走行に耐えうるかどうかを表わす度合．一般にコーンペネトロメータで測定されたコーン指数 q_c で示される）に配慮し，表面水および地下水の処理を考慮して，安定した盛土の構築を行うことができるように，施工中および完成時の排水対策に配慮することが必要である．

　一方，盛土は供用期間中の交通荷重などを支持し，降雨や凍上などの自然作用に対して安定していることが必要となるが，粒状材による盛土は適切な材料の選択により，安定性に問題を生じる可能性を低下させることができる．築堤盛土を構築する場合には，河川水位の変動の作用も考えられるが，粒状材はポゾラン反

応によって長期に強度増進するため，堤体に適度な表面被覆土を構築することで侵食に耐えることができる.

　したがって，地形・地質的に集水地形や地すべり地などの不安定要素がなければ，粒状材の盛土の安定検討は，通常の盛土と同様に極限平衡法（円弧すべり）による検討などを行えば十分である. なお，盛土高さが 10 m 以下であれば，粒状材の特性から各機関で定めた標準勾配で構築しても安定すると考えてよい.

表 1. 2. 1　道路盛土，築堤における要求品質（参考）[1)砂質土に関する項目を一部抜粋して転載]

用途		道路用盛土		河川堤防	
		路床	路体	高規格堤防	一般堤防
材料規定	最大粒径	100 mm 以下	300 mm 以下	100 mm 以下	（150 mm 以下）
	粒度	―	―	ϕ 37.5 mm 以上の混入率 40%以下	（Fc = 15〜30%）
	コンシステンシー	―	―	―	―
	強度	舗装の構造設計で想定している CBR 以上	―	$qc \geqq 400$ kN/m^2	―
施工管理規定	施工含水比	最適含水比付近	締固め度管理の場合：$Dc \geqq 90$%が得られる含水比 空気間隙率管理の場合：自然含水比またはトラフィカビリティが確保できる含水比	最適含水比より湿潤側で，規定の締固め度が得られる範囲	最適含水比より湿潤側で，規定の締固め度が得られる範囲
	締固め度	RI 計器：締固め度平均値 $Dc \geqq 90$% 砂置換法：締固め度最低値 $Dc \geqq 95$%（A，B 法）もしくは $Dc \geqq 90$%（C，D，E 法）（1 回 3 点以上の試験を行った場合の最低値に対するもの）	RI 計器：締固め度平均値 $Dc \geqq 90$% 砂置換法：締固め度最低値 $Dc \geqq 95$%（A，B 法）（1 回 3 点以上の試験を行った場合の最低値に対するもの）	RI 計器：締固め度平均値 $Dc \geqq 90$% 砂置換法：締固め度最低値 $Dc \geqq 85$%	RI 計器：締固め度平均値 $Dc \geqq 92$%※ 砂置換法：締固め度最低値 $Dc \geqq 90$%（A，B 法）（1 回の試験につき 3 孔で測定し，3 孔の平均値で判定を行う※）
	空気間隙率	―	―	砂質土（25%$\leqq Fc <$50%）：$Va \leqq 15$%	
	一層の仕上厚	20 cm 以下	30 cm 以下	30 cm 以下	30 cm 以下
	その他	―	―	$qc \geqq 400$ kN/m^2	―
備考					※平成 31 年土木工事共通仕様書「品質管理基準及び規格値」より
基準等		「道路土工-盛土工指針」		「高規格堤防盛土の設計施工マニュアル」	「河川土工マニュアル」

凡例　Fc: 細粒分含有率, qc: コーン指数, Dc: 締固め度, Va: 空気間隙率, ―: 特に規定なし, （　）: 望ましい値

（出典：土木研究所, 第 4 版建設発生土利用技術マニュアル, p.40, 土木研究センター, 2013 年 12 月）

　一般に道路盛土は，土砂材料を有効に活用し交通荷重などの上載荷重に対して十分に支持し沈下を抑制するために締固めが行われる．道路盛土を構成する路体，路床には部位ごとに材料基準と締固め管理基準が設定されており，粒状材を使用した盛土体の構築にあたっては，これを考慮する必要がある．

　軟弱地盤に上載荷重が作用する場合，地盤の支持力が小さいために地盤の沈下や変形が生じやすい．地盤を構成する土質・地質条件と地下水状況によって沈下速度や変形程度が異なるので，安定した盛土を構築するために試験盛土等を行い，地盤調査と各種の土質試験等を実施する．

　一般に地盤に上載する盛土が軽量であれば，沈下や変形が抑制されることとなる．粒状材は，単位体積重量が比較的小さいので，一般の土砂材料と比較して地盤変位が抑制され，施工性の向上や工程短縮を期待することができる．

　実施工する粒状材の品質は検査報告書等により確認する．

1.2.2　裏 込 材

　構造物の裏込め部に使用する材料は，構造物等との段差防止等の観点から，締固めが容易，圧縮性が小さい，透水性が良好，等の条件を満たすものが望ましいとされる．粒状材は，乾燥密度が小さく締固め特性が良好な材料であり，かつ良質土に相当するせん断強度を有する．このため，擁壁背面の裏込めに使用することで土圧軽減効果が期待できる．構造物の裏込めに適用する粒状材に要求される品質の参考値を**表 1.2.2**に示す．

　粒状材を構造物の裏込めに適用する場合は，それぞれの構造物の用途および適用箇所に関わる技術基準類に従い適切に行う必要がある．その際，これらの技術基準類の規定は天然材料を前提として書かれているため，構造物の用途と基準の規定を理解した上で，指針（案）**2 章**および**3 章**に示した石炭灰混合材料の特性および環境への影響を十分検討する必要がある．なお，材の粒度や乾燥密度等の品質は，使用する材，含水比，締固め度等によって異なるため，事前に土質試験等を行って調べることが望ましい．実施工する材の品質は検査報告書等により確認する．

表 1.2.2　構造物の裏込めにおける要求品質（参考）[2]

最大粒径	（100 mm 以下）
細粒分含有率	（25%以下）
塑性指数	（10 以下）

（　）内は望ましい値

1.2.3　埋 戻 材

　粒状材を埋戻材として利用する場合は，材の性質を良く把握した上で，要求性能に応じた品質を満足できるよう適切に行う必要がある．一般に埋戻材に求められる性能は以下のとおりである．

a) 圧縮性

　供用後に埋設構造物との隙間と段差の発生を防ぐため，埋戻材には圧縮性の小さい材料を使用しなければならない．また，十分締め固める必要がある．

b) 粒度

　埋設物に与える損傷を防止するため，埋戻材の最大粒径を規定する必要がある．また，支持力を高めるために，締固め施工性と排水性を確保しなければならない．そのため細粒分含有率を規定する必要がある．

c) 強度

　画一的に定めるのではなく，埋戻し後の機能や原地盤の土質性状等の諸条件を幅広く検討して規定する必要がある．

　したがって，各機関では，締固めの容易さ，圧縮性および透水性の観点から，最大粒径，粒度分布，細粒分含有率等で望ましい値として材料規定を示している．工作物の埋戻しに適用する粒状材に要求される品質の参考値を**表 1.2.3** に示す．材の乾燥密度や強度等の品質は，使用する材，含水比，締固め度等によって異なるため，事前に土質試験等を行って調べることが望ましい．実施工する材の品質は検査報告書等により確認する．

表 1.2.3　工作物の埋戻しにおける要求品質（参考）[2]

最大粒径	（50 mm 以下）
細粒分含有率	（25%以下）
強度	（既定の CBR 以上）

（　）内は望ましい値

1.2.4　バーチカルドレーン材・サンドマット材等排水材

　軟弱地盤の改良に適用されるバーチカルドレーン工法やサンドマット工法には，一般に透水性が良く，目詰まりしない材料が求められる．

　粒状材をバーチカルドレーン材，サンドマット材として用いる場合は，それぞれの地盤改良工法に関わる技術基準類に従い適切に行う必要がある．その際，これらの技術基準類の規定は天然材料を前提として書かれているため，構造物の用途と基準の規定を理解した上で，指針（案）**2章**および**3章**に示した石炭灰混合材料の特性および環境への影響を十分検討する必要がある．なお，リサイクル材料の中には水和反応によって経時的に硬化し，透水性が低下していくものがあるが，粒状材の場合，一般に粒子同士が固結しないため，透水性は低下しないと考えてよい．石炭灰混合材料はアルカリ性を呈するため，特に供用時初期はドレーン排水やサンドマット内を通過した雨水等がアルカリ性を呈する可能性があり，周辺環境への配慮が必要な場合がある．

　材の粒度分布，透水性等の品質は，使用する材によって異なるため，事前に土質試験等を行って調べることが望ましい．実施工する材の品質は検査報告書等により確認する．

1.2.5　サンドコンパクションパイル材

　軟弱地盤中に締め固めた砂杭を造成することで地盤を改良する工法で，粘性土地盤を対象にする場合と砂質土地盤を対象にする場合とがある．粒状材をサンドコンパクションパイル材として用いる場合は，その用途および適用箇所に関わる技術基準類に従い適切に行う必要がある．その際，これらの技術基準類の規定は天然材料を前提として書かれているため，構造物の用途と基準の規定を理解した上で，指針（案）**2章**および**3章**に示した

石炭灰混合材料の特性および環境への影響を十分検討する必要がある.

　粒状材は粒度を適切に調整することで，通常の土砂材よりも透水係数を大きくすることができる.「港湾の施設の技術上の基準・同解説」では，粘性土地盤を対象とする場合，要求品質として「透水性が高く，細粒分（75 μm 未満）の含有量が少なく，粒度分布が良く，締まりやすく，十分な強度が期待でき，かつケーシングからの排出が容易なものが望ましい」としている [3]. なお，粒度分布に関しては，締固めに伴う粒状材の破砕の影響を把握するため，あらかじめ締固め後の粒度分布が規定に適合することを確認することが求められる. 一方，砂質土を締め固めるためのサンドコンパクションパイル工法では，杭自体の質量やせん断強度等の性質は改良地盤にはほとんど影響しない. そのため設計においても材料の単位体積重量やせん断抵抗角等についての要請は小さく，これらの諸性質は通常設計において考慮されない. ただし，粒子破砕する材料は利用に適さない. あらかじめ試験を行い，締固め後の粒度分布が規定に適合することを確認することが求められる. 実施工する粒状材の品質は検査報告書等により確認する.

1.2.6　上層路盤材・下層路盤材

　下層路盤材（再生クラッシャラン）・上層路盤材（再生粒度調整砕石）として用いる粒状材は，修正 CBR 試験等の材料強度のほか，粒度分布に対して安定した材料であることが重要となる. 粒状材を上層路盤材，下層路盤材として利用する場合は，粒状材の性質を良く把握した上で「舗装再生便覧」等に示す要求品質を満足することを確認する必要がある. 同便覧における満足すべき粒度範囲と品質基準を**表 1.2.4～表 1.2.6**に示す. 実際に施工する粒状材の品質は検査報告書等により確認する. 設計に際して，粒状材は再生路盤材よりも単位体積重量が小さいことに留意する必要がある. また，粒状材の選定の際には，工事の実施期間中の必要量を把握し，路盤に使用する骨材等との経済性について検討を行うことが必要である.

表 1.2.4　再生粒度調整砕石および再生クラッシャランの粒度範囲 [4]を参考に編集作成

	名称	粒度範囲 (mm)	ふるいを通るものの質量百分率 (%)									
	ふるいの目開き　(mm)		53	37.5	31.5	26.5	19	13.2	4.75	2.36	0.425	0.075
再生粒度調整砕石	RM-40	40~0	100	95~100	—	—	60~90	—	30~65	20~50	10~30	2~10
	RM-30	30~0		100	95~100	—	60~90	—	30~65	20~50	10~30	2~10
	RM-25	25~0			100	95~100	—	55~85	30~65	20~50	10~30	2~10
再生クラッシャラン	RC-40	40~0	100	95~100	—	—	50~80	—	15~40	5~25		
	RC-30	30~0		100	95~100	—	55~85	—	15~45	5~30		
	RC-20	20~0				100	95~100	60~90	20~50	10~35		

（出典：日本道路協会，舗装再生便覧（平成 22 年版），日本道路協会，pp.17-19，2010 年 11 月）

表 1.2.5　上層路盤材に用いる再生粒度調整砕石の品質 [4)を一部抜粋して転載]

適用	修正 CBR	塑性指数
舗装計画交通量（台/日・方向） T<100, 信頼度 50%の舗装[※1]	60%以上	4 以下
アスファルト舗装	80%以上	4 以下
セメントコンクリート舗装	80%以上	4 以下

※1 舗装計画交通量（台/日・方向）T<100, 信頼度 50%は，交通量の少ない道路であり，舗装設計施工指針に示す N3 交通以下の道路に相当する．

（出典：日本道路協会，舗装再生便覧（平成 22 年版），p.18，日本道路協会，2010 年 11 月）

表 1.2.6　下層路盤材に用いる再生クラッシャランの品質 [4) を一部抜粋して転載]

適用	修正 CBR	塑性指数	すりへり減量
舗装計画交通量（台/日・方向） T<100, 信頼度 50%の舗装[※1]	10%以上	9 以下	50%以下
アスファルト舗装	20%以上	6 以下	50%以下
セメントコンクリート舗装	20%以上	6 以下	50%以下

※1 舗装計画交通量（台/日・方向）T<100, 信頼度 50%は，交通量の少ない道路であり，舗装設計施工指針に示す N3 交通以下の道路に相当する．

（出典：日本道路協会，舗装再生便覧（平成 22 年版），p.16，日本道路協会，2010 年 11 月）

1.2.7　建築基礎工事砕石

　建築基礎工事における砂利地業に使用する粒状材は，「公共建築工事標準仕様書（建築工事編）」に示される再生クラッシャランの品質に準じたものとし，**表 1.2.4** に示す粒度程度のものを使用する．その他の項目については，受渡当事者間の協議により定めることができる．施工する粒状材の品質は，検査報告書等に基づいて確認する．

1.2.8　埋 立 材

　埋立材は，水面から投入して土地を造成する行為に使用される地盤材料である．使用される埋立材は埋立後安定した地盤となり，所要の強度を有する必要がある．また，跡地利用計画や施工時のトラフィカビリティの確保等を考慮する必要があるため，粒状材を埋立材として利用する場合は，粒状材の性質を良く把握した上で要求性能に応じた品質を満足できるよう適切に行う必要がある．埋立材に利用する材の品質については，「港湾工事共通仕様書」および「空港土木施設構造設計要領及び設計例」等において規定されており．これらの規定に適合する材を用いることが原則となる．設計に用いる単位体積重量や強度は，使用する材や締固め度等によって異なるため，事前に土質試験等を行って調べることが望ましい．実施工する材の品質は検査報告書等により確認する．

　なお，粒状材は pH 11〜12 のアルカリ性を示すため，特に淡水域の池などに使用する場合には，池水量に対する投入量によっては，池水の pH が上昇する可能性がある．池水との直接の接触をなくす等，使用条件に注意を要する．

1.2.9　裏　埋　材

　裏埋材は，裏込めの背後に投入される地盤材料である．粒状材を裏埋材として利用する場合は，その用途および適用箇所に関わる技術基準類に従い適切に行う必要がある．その際，これらの技術基準類の規定は天然材料を前提として書かれているため，構造物の用途と基準の規定を理解した上で，指針（案）**2章**および**3章**に示した石炭灰混合材料の特性および環境への影響を十分検討する必要がある．設計に用いる単位体積重量や強度等の品質は，使用する材や締固め度等によって異なるため，事前に土質試験等を行って調べることが望ましい．実施工する粒状材の品質は検査報告書等により確認する．なお，他のリサイクル材料の場合，水硬性を持つものもあるが，粒状材の場合は顕著ではない．ただし，粒状材は pH 11～12 のアルカリ性を示すため，特に淡水域の池などに使用する場合には，池水量に対する投入量によっては，池水の pH が上昇する可能性がある．淡水域で使用する場合には，池水との直接の接触をなくす等，使用条件に注意を要する．

1.2.10　海域における環境修復材

　粒状材のうち，天然材料と同等もしくはそれ以上の海域環境改善効果を有することが期待されるものについては，海域環境改善（藻場・浅場，干潟造成，覆砂）材料として利用された例がある（**付録V**）．その効果は，貧酸素水塊の発生抑制，水質改善，悪臭の減少，生物の増加などが挙げられる．これにより，水質環境基準の達成への寄与，有用種の増加に伴う水産業の活性化，快適な水環境や親水空間の創出等，様々な便益が期待できる．

　利用の際に参考となる技術基準類として，国土交通省中国地方整備局の発行する「石炭灰造粒物による底質改善の手引き」や広島県土木建築局の「石炭灰造粒物による環境改善手法の手引き　感潮河川域編」等がある．事前調査を行い，目的に応じて適切な材を選定する必要がある．また，材を海域環境改善（藻場・浅場，干潟造成，覆砂）に利用する場合は，事業計画および設計基準に基づき施工後に所定の品質を確保できるよう，検査報告書等に記載された物理特性，化学特性等を把握した上で設計する．

　なお，粒状材の中には，次のような特徴が報告されているものがある．①粒状材中に微細な空隙を保有している．②高い硫化水素溶出抑制能力を有する．③海底に敷設した粒状材は光の届く範囲で，短期間に珪藻被覆される．④粒状材敷設層内の間隙中に浮泥が堆積しても弱アルカリ環境下を維持しているため嫌気状態になりにくい．⑤底質から溶出する富栄養化物質（N，P）の吸着・抑制効果がある．

　上記の特徴により，海域での好気条件を創造しやすく，特に閉鎖性海域で問題となってきている貧酸素に対し改善効果が得られる．

　石炭灰混合材料の粒子密度および単位体積重量は天然材料に比べ小さいことから，粒状材を高含水比の水底堆積物上に敷設する場合，天然材料と比較し沈下抑制に寄与するため，敷設厚を低減することができる．ただし，単位体積重量が小さいことで波浪などによる底質移動が起こりやすくなる可能性もあるため，敷設する環境に留意する．

1.3　粒状材の製造

1.3.1　製造準備

　粒状材の製造に関わるフローを**図 1.3.1** に示す．粒状材には，製造プラント内で原料を練り混ぜ，ブロッ

ク状に固化させた後，クラッシャ等で破砕して粒度調整を行う破砕材 1，製造プラントで原料を練り混ぜ，プラント近傍で一旦盛土状に固化させた後，出荷時に重機等で掘削・破砕して粒状にする破砕材 2，および原料を練り混ぜ後，造粒固化させる造粒材がある．製造した粒状材は，敷地内のストックヤードで一時保管された後，出荷される．粒状材は粉体を主原料とする製品であることから，粒状材の製造プラント（工場）には，原料および製品の飛散防止，粉塵や排水対策等の設備を設けるとともに，騒音・振動対策を行う等，環境面に配慮する必要がある．

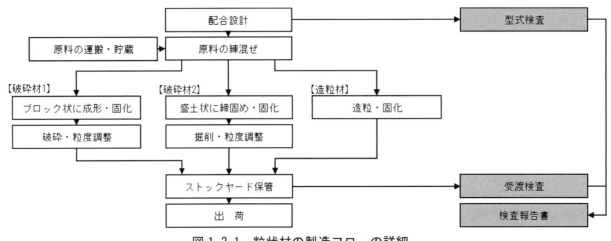

図 1.3.1　粒状材の製造フローの詳細

1.3.2　原料の調達・運搬・貯蔵

　粒状材の製造に使用する原料について，調達条件を確認する．特にフライアッシュについては，石炭火力発電所から発生するものであるため，指針（案）3.3 で示したように，調達可能量，必要時期等といった調達条件について，あらかじめフライアッシュ供給者と協議しなければならない．また，原料の品質については試験成績書等で確認するとともに，記載のない項目のうち，粒状材の品質確保の観点から必要な項目については，粒状材製造時までに測定して確認する．

　フライアッシュは微粒子の粉体であるため，周辺への飛散と水濡れ防止の観点から，原則として粉体輸送車で運搬した後，サイロなどの密閉した場所に保管しなければならない．ただし，フライアッシュが排出段階で散水されて湿灰として供給される場合，粉体輸送車以外で運搬し，シート養生などにより乾燥・飛散対策を講じることで，屋外で保管することも可能である．

　固化材としては，セメントやセメント系固化材等の粉体を使用する場合がほとんどであることから，周辺への飛散や吸湿による性能低下を防止するため，原則として粉体輸送車で運搬した後，サイロなどの密閉した場所に保管しなければならない．

1.3.3　配合設計

　粒状材は，フライアッシュにセメント等固化材，水，必要に応じて土砂等を混合して練り混ぜた後，固化・破砕，または造粒固化することで製造する．製造に先立ち，配合試験により要求品質を満足する配合を決める．固化材としては，セメントやセメント系固化材を使用する場合が多い．水量は締固め，または造粒に適した含水比になるように設定する．土砂代替および砕石代替として用いられる粒状材の標準的な配合を**表**

1.3.1 に示す．要求品質を満足する配合が定まったら，その配合に基づいて供試体を作製して型式検査を実施し，要求品質への適合を判定する．型式検査は，物理特性，力学特性および環境安全性に関わる検査で構成され，利用用途によって項目と基準が異なる．詳細は指針（案）**4章**を参照のこと．

表 1.3.1　標準的な粒状材の配合例（質量比）

| | フライアッシュ | 固化材 | | 水 | その他 (土砂等) |
		セメント	副添加材 (消石灰，石膏等)		
土砂代替	100	4〜8	0〜10	最適含水比程度※ (20〜40 程度)	0〜
砕石代替	100	15〜30	0〜	〃	0〜

※フライアッシュ単味で締固め試験を行うことで求めた最適含水比

1.3.4　製　　造

製造プラント（工場）において，セメント等固化材と水，必要に応じて土砂等を混合する．フライアッシュとその他の原料が均質に混合されるように，試験練りを行って原料の投入順序や混合時間を設定する．なお，フライアッシュには加湿により自硬性を示すものがある．特に，湿灰やエージング灰（既成灰）を使用する場合は，フライアッシュが固結していないことを確認するとともに，固結が確認された場合は事前に粉砕を行う等，団粒が生じないように注意する．破砕材の場合，原料を練り混ぜた後，一旦締め固めて固化させ，その後，破砕，粒度調整することで製造する．また，造粒材の場合，原料を練り混ぜた後，造粒固化，粒度調整を行うことで製造する．

製造者は，粒状材の品質管理のため，製造時に物理特性に関する試験を実施する．特に締固めまたは造粒の工程では含水比の管理が重要となる．製造時における最適な含水比は，使用するフライアッシュの性状によっても変わることから，適切な頻度で含水比を確認することが望ましい．また，製造者は受渡検査を実施する．受渡検査では製造プラント（工場）で製造した製品を用いて，物理特性，力学特性，環境安全性に関わる項目を測定する．詳細は指針（案）**4章**を参照のこと．

1.4　粒状材の施工

1.4.1　施工準備

粒状材の施工フローを**図 1.4.1**に示す．粒状材は，製品寸法から礫材，礫質土または砂質土に区分されることが多いが，いずれも施工場所に搬入された時点では通常の地盤材料と同様に扱うことが可能な材料である．このため，施工に先立ち必要な建設機械を設定するとともに，作業手順，作業能力，作業日数および施工体制の立案を行う．

粒状材は通常の地盤材料と同じように施工場所に搬入されるため，施工場所に仮置きヤードを確保するのが一般的である．なお，仮置きヤードにおいては，粉塵の発生抑制や降雨による仮置きヤードからの溶出水対策についても確認する必要がある．

　また，施工箇所においては，事前に踏査観察と土質調査を行い，基礎地盤の適切な処理を行うことが大切である．例えば，基礎地盤に草木や切株を残したまま盛土を施工すると，腐植によって盛土に有害な沈下が生じるおそれがあるため，伐開除根を行う．

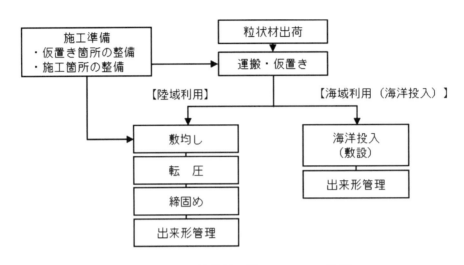

図1.4.1　粒状材の施工フローの概要

1.4.2　粒状材の調達

　工事の適用箇所によって粒状材に求められる物理特性，力学特性，環境安全性等の要求品質は異なる．施工者は検査報告書等に基づいて要求品質への適合を確認することを基本とするが，必要であれば自ら検査を行うこともできる．粒状材は，塑性材やスラリー材と異なり，工場で製造されるものであり，工場の多くは石炭火力発電所周辺にあるため，施工者は施工場所への運搬距離・時間，調達可能量，必要時期等といった調達条件をあらかじめ製造者と協議しなければならない．

1.4.3　運搬・仮置き

　一般的に粒状材はアルカリ性を呈するため，長期にわたり降雨を受けるとアルカリ性の溶出水が周辺に流出する可能性がある．そのため，長期にわたり仮置きする場合は，降雨水による溶出水防止面からも材をシート等で被う等の対策を講じる必要がある．

　粒状材のうち破砕材は，天然の地盤材料に比較して細粒分が多いものも少なくない．このため，河川や海上での運搬にあたっては，細粒分の漏出や，これに伴う濁りの発生に対して検討を行い，対策を講じる必要がある．

1.4.4　施　工

　砂質土または礫質土に区分される粒状材は，通常の土砂と同様の締固め施工が可能である．即ち，ブルドーザ等で敷き均した後，ローラなどの締固め機械によって締め固める．締固め後の1層の仕上がり厚さは一般的な盛土施工では30 cm程度である．構造物の裏込めなど施工部位が狭隘な場合は，十分な締固めが行えるように仕上がり厚さを小さくし，小型の締固め機械を使用する必要がある．法面はバックホウに装着した法面バケット等を用いて転圧する．要求される締固め度や締固め機械などによって締固め特性が異なるため，

試験施工を行って敷均し厚さや締固め回数を決定するのが望ましい．1 層の締固めが終わった後は，乾燥密度と含水比を測定して締固め管理を行う．密度，水分測定では RI 法が一般的に使用される．

また，礫材に区分される粒状材は，通常の砕石等と同様に施工することが可能である．即ち，ブルドーザで粗均しを行い，モーターグレーダで所定の仕上がり厚さが得られるよう均一に敷き均した後，ロードローラおよびタイヤローラなどの転圧機械によって，所定の密度が得られるまで締固めを行う．下層路盤の一層の仕上がり厚さは 20 cm 以下，上層路盤は 15 cm 以下を標準としており，30 cm 程度でまき出し転圧して仕上げる．なお，土壌汚染対策法の対象外の用途，すなわち環境安全品質に関わる溶出試験として，JIS K 0058-1 の 5 に規定する試験を適用する用途（指針（案）**4 章**）に粒状材を施工する際は，周辺の土砂と分離することが条件であるため，施工時に周辺材料が混入・混合しないように十分配慮して施工を行う必要がある．

粒状材の施工は通常の地盤材料と同様に行うことが可能であるが，通常の地盤材料と比べて透水係数が大きい，乾燥密度が小さい等の特徴を有している．このため，これらの特性が既設構造物に影響を及ぶことが懸念される場合は十分配慮して施工を行う必要がある．

1.4.5　海域における環境修復材の施工（海洋投入）

粒状材は，通常の天然材料（砂質土，礫質土，礫）と同様に取り扱うことが可能である．

粒状材の運搬は，ダンプトラック等で施工場所に搬入可能である．また，港湾工事等の海域環境改善事業で使用する場合は，ガット船等で施工場所まで海上輸送できる．

施工時において特別な重機は必要なく，従来の海域工事で用いられている工法で施工可能である．一般に海域工事では，粒状材は，起重機船，クレーン付き台船等で敷設できる．

海域での敷設時の濁り防止については，天然材を用いる場合と同様，必要に応じて汚濁防止枠や汚濁防止膜等の対策を実施する．また，粒状材は，仮置き時に材料が乾燥し，強風により粉塵が発生することがあるため，必要に応じて散水等による粉塵飛散対策を行う．

2．塑性材

2.1　一般

塑性材は，施工現場近傍に設置した製造プラントもしくは生コンクリート工場において，型式検査で要求品質への適合を判定した配合条件で練り混ぜた後，固化前の材料として施工箇所にダンプ等で運搬・供給される材料であり，その後敷き均し，締め固めることで一体化した固化体としての地盤を形成するものである．その原料および配合等により品質特性も個々に異なるため，適用にあたっては関係する技術基準類を満足した上で適用箇所に要求される材料基準を満足するものを選定する必要がある．また，その製品の調達，運搬，施工および出来形管理までの取り扱いについては供給者に留意点を確認し，施工計画に反映させることが必要である．

2.2　塑性材の用途別適用と留意点

塑性材は，施工時は土砂状であるが，固化後は一体化した固化体となる石炭灰混合材料で，配合を変えることで用途に応じた単位体積重量と強度を持たせることができる点が特徴である．フライアッシュにセメント等固化材と水を添加，混合したものを施工場所に運搬し，現地で締め固めることで施工する．施工後は，

固化材のセメント水和反応などが進むことで硬化し，所定の性能を発揮するようになる．塑性材の工学的特性や環境安全性は，フライアッシュの品質，固化材の種類，配合，締固め方法によって異なるため，事前に適用用途および目的を念頭に，支持力などの必要強度および環境安全品質を満足するように配合試験を行い，フライアッシュ，セメント等固化材，水，必要に応じて土砂等の配合を決定する．配合試験により決定した配合設計に基づき，製品の製造開始前に供試体を作製して型式検査を行うとともに，製造開始後は製造時に実施する受渡検査により，塑性材の品質を確認する（指針（案）4章）．

　塑性材は施工場所近傍に設置した製造プラント，またはコンクリート製造設備を持つ工場で原料を練り混ぜ，固まっていない状態で施工場所に運搬，施工される．塑性材を使用する場合には，物理特性や力学特性等の確認だけでなく，フライアッシュを調達可能な発電所または中継サイロと塑性材製造場所までの距離，調達可能量の確認等といった地域性も考慮する必要がある．湿灰やエージング灰（既成灰）を用いる場合は，野積み場を設けるとともに粉塵対策を講じる．

　塑性材の主な利用用途における適用と留意すべき事項を 2.2.1〜2.2.4 に示す．なお，以降に示す要求品質はいずれも参考であり，実際の適用にあたっては，それぞれの用途および適用箇所に関わる技術基準類に従い適切に行う必要がある．その際，これらの技術基準類は天然材料を前提として書かれているので，その用途に求められる要求品質と，適用する塑性材の特性（物理特性，力学特性，環境安全性）について十分検討を行うこととする．

2.2.1　盛　土　材

　盛土工に適用する塑性材の品質基準は，基本的に 1.2.1 に示す粒状材の場合と同様である．

　盛土は供用期間中の交通荷重などを支持し，降雨や凍上などの自然作用に対して安定していることが必要となるが，施工後の塑性材は一体化した固化体となるため，すべりなど発生するせん断応力に対して一般的に十分なせん断抵抗値を保有し，また透水係数も一般的な土質材料よりもかなり小さいため，塑性材による盛土は適切な材料を選択すれば問題となる可能性はかなり小さい．築堤盛土を構築する場合には，河川水位の変動の作用も考えられるが，塑性材はポゾラン反応によって長期に強度増進する固化体であるため，さらに堤体に適度な表面被覆土などを構築することで十分な耐侵食性を得ることができる．

　したがって，塑性材はその特性から内部でのすべりは発生せず，地形・地質的に集水地形や地すべり地などを考慮し，基礎地盤を含めた外部安定について検討を行えば十分である．なお，盛土高さが 10 m 以下であれば，塑性材の特性から各機関で定めた標準勾配で構築しても安定すると考えてよい．

　一般に道路盛土は，土砂材料を有効に活用し交通荷重などの上載荷重に対して十分に支持し沈下を抑制するために締固めが行われる．道路盛土を構成する路体，路床には部位ごとに材料基準と締固め管理基準が設定されており，塑性材の配合設計および盛土体の構築にあたっては，これを考慮する必要がある．また，固化後は一体化し，材齢とともに一軸圧縮強さが大きくなることにも留意する．実施工する塑性材の品質は検査報告書等により確認する．

　軟弱地盤に上載荷重が作用する場合，地盤の支持力が小さいために地盤の沈下や変形が生じやすい．地盤を構成する土質・地質条件と地下水状況によって沈下速度や変形程度が異なるので，安定した盛土を構築するために試験盛土等を行い，地盤調査と各種の土質試験等を実施する．

　一般に地盤に上載する盛土が軽量であれば，沈下や変形が抑制されることとなる．塑性材は，単位体積重量を天然土砂と比較して小さくすることができるので，地盤変位が抑制され，施工性の向上や工程短縮を期待

することができる．また，塑性材は造成後に固化するため，その盛土自身に沈下は発生しない．

2.2.2 裏込材

塑性材は，天然土砂に比べて単位体積重量を小さくすることができるため，裏込め等の土圧軽減に寄与する．また，護岸・岸壁構造物背面に使用した場合，裏込材が密に充填されていることで，裏込材より陸側に埋め立てられる土砂が海域に吸い出されることを防止できる．

塑性材を構造物の裏込めに適用する場合は，それぞれの構造物の用途および適用箇所に関わる技術基準類に従い適切に行う必要がある．その際，これらの技術基準類の規定は天然材料を前提として書かれているため，構造物の用途と基準の規定を理解した上で，指針（案）**2 章**および **3 章**に示した石炭灰混合材料の特性および環境への影響を十分検討する必要がある．なお，材の乾燥密度等の品質は，使用する材，含水比，締固め度等によって異なるため，事前に土質試験等を行って調べることが望ましい．なお，設計の際，固化後の塑性材は一体化した固化体となるため，液状化や背面土砂の吸出し検討を省略してよい．実施工する塑性材の品質は検査報告書等により確認する．

2.2.3 上層路盤材・下層路盤材

塑性材を上層路盤・下層路盤として利用する場合は，塑性材の性質を良く把握した上で要求性能に応じた品質を満足できるよう適切に行う必要がある．「舗装再生便覧」では，再生セメント安定処理路盤材料に要求される品質（**表 2.2.1**）を規定しており，参考にすることができる．材の単位体積重量，強度等は，原料，配合，含水比等によって異なるため，事前に土質試験等を行って調べることが望ましい．また，設計に際して，塑性材は再生路盤材よりも単位体積重量が小さいことに留意する必要がある．

施工する塑性材の品質は検査報告書等により確認する．また，工事の実施期間中の必要量を把握し，使用する塑性材が安定して供給されることを確認する．

表 2.2.1 上層路盤・下層路盤に使用する再生セメント安定処理路盤材の品質基準 [4] を一部抜粋して転載

構成	適用	一軸圧縮強さ
上層路盤	アスファルト舗装	2,900 kN/m^2 以上（材齢 7 日）
	コンクリート舗装	2,000 kN/m^2 以上（材齢 7 日）
下層路盤	アスファルト舗装 コンクリート舗装	980 kN/m^2 以上（材齢 7 日）

（出典：日本道路協会，舗装再生便覧（平成 22 年版），日本道路協会，2010 年 11 月）

2.2.4 埋立材および裏埋材

埋立材および裏埋材に要求される品質および性能は，粒状材と同様にそれぞれ **1.2.8** および **1.2.9** で示したとおりである．塑性材はポゾラン反応の進行に伴い，長期的に強度が大きくなる性質を持っているので，再掘削が想定される用途に使用する際には注意を要する．材の物理特性および力学特性は，原料や配合によって異なるため，事前に土質試験等を行って調べることが望ましい．実施工する材の品質は検査報告書等により確認する．なお，塑性材は pH 11〜12 のアルカリ性を示すため，特に淡水域の池などに使用する場合に

は，池水量に対する投入量によっては，池水の pH が上昇する可能性がある．池水との直接の接触をなくす等，使用条件に注意を要する．

2.3　塑性材の製造・施工

2.3.1　製造・施工準備

　塑性材の製造・施工に関わるフローを**図 2.3.1** に示す．塑性材の製造は，施工現場の近くに製造プラントを設置して行う場合と，施工現場周辺のコンクリート製造設備を持つ工場で行う場合とがある．前者については，現地ヤードに塑性材の製造に関わるバッチャープラント，原料貯蔵設備等といった設備一式を配置することになるため，原料の飛散防止，粉塵や排水対策等の環境面に配慮した仮設備を設ける必要がある．

　施工箇所においては，事前に踏査観察と土質調査を行い，基礎地盤の適切な処理を行うことが大切である．例えば，基礎地盤に草木や切株を残したまま盛土を施工すると，腐植によって盛土に有害な沈下が生じるおそれがあるため，伐開除根を行う．また，準備排水を行い，工事区域外の水が工事区域内に入らないように溝や暗渠等で区域外に排水しなければならない．

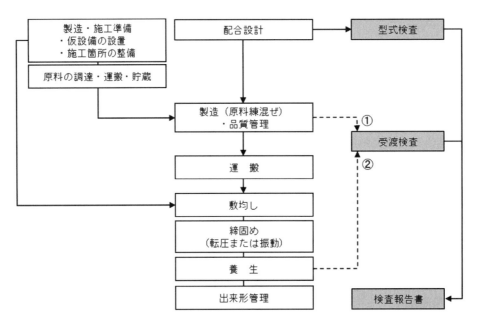

受渡検査には，①または②で採取した試料を用いる

図 2.3.1　塑性材の製造・施工フローの概要

2.3.2　原料の調達・運搬・貯蔵

　塑性材の製造に使用する原料について，調達条件を確認する．特にフライアッシュについては，石炭火力発電所から発生するものであるため，指針（案）3.3 で示したように，運搬距離・時間，調達可能量，必要時期等といった調達条件について，あらかじめフライアッシュ供給者と協議しなければならない．配合設計に基づいて搬入する原料の総量を見積もるが，搬入量には製造打設時の原料のロスを踏まえ適切な割り増しを考慮する．原料の品質については試験成績書等で確認するとともに，記載のない項目のうち，塑性材の品質

確保の観点から必要な項目については，塑性材製造時までに測定するようにする．施工現場の近くに製造プラントを設置して行う場合，使用する水は上水，水道水，海水などを適切に選定，調達し，水槽に貯留する．

フライアッシュは微粒子の粉体であるため，周辺への飛散と水濡れ防止の観点から，原則として粉体輸送車で運搬した後，サイロなどの密閉した場所に保管しなければならない．ただし，フライアッシュが排出段階で散水されて湿灰として供給される場合，粉体輸送車以外で運搬し，シート養生などにより乾燥・飛散を講じることで，屋外で保管することも可能である．

固化材は，セメントやセメント系固化材等の粉体を使用する場合がほとんどであることから，周辺への飛散や吸湿による性能低下を防止するため，原則として粉体輸送車で運搬した後，サイロなどの密閉した場所に保管しなければならない．

2.3.3　配合設計

塑性材は，フライアッシュにセメント等固化材，水，必要に応じて土砂等を加えて，ミキサで混合して製造する．材に求められる物理特性，力学特性および環境安全性に関わる要求品質は，適用箇所によって異なるため，配合試験により要求品質を満足する配合を決める．固化材としては，セメントやセメント系固化材を使用する場合が多い．水量は締固め施工に適した含水比になるように設定することが望ましい．標準的な配合を**表2.3.1**に示す．要求品質を満足する配合が定まったら，製造プラントでの製品製造に先立ち，その配合に基づいて供試体を作製して型式検査を実施し，要求品質への適合を判定する．型式検査は，物理特性，力学特性および環境安全性に関わる検査で構成され，利用用途によって項目と基準が異なる．詳細は指針（案）**4章**を参照のこと．

表2.3.1　標準的な塑性材の配合例（質量比）

フライアッシュ	固化材		水	その他（土砂等）
	セメント	副添加材（消石灰，石膏等）		
100	4〜10	1〜2	最適含水比程度※（20〜40程度）	0〜

※フライアッシュ単味で締固め試験を行うことで求めた最適含水比

2.3.4　製　　造

施工場所の近傍に設置したバッチャープラントなどの製造プラント，またはコンクリート製造設備を持つ工場において，セメントなどの固化材と水，必要に応じて土砂等を混合する．フライアッシュとその他の原料が均質に混合されるように，試験練りを行って原料の投入順序や混合時間を設定する．なお，フライアッシュには加湿により自硬性を示すものがある．特に，湿灰やエージング灰（既成灰）を使用する場合は，フライアッシュが固結していないことを確認するとともに，固結が確認された場合は事前に粉砕を行う等，団粒が生じないように注意する．

製造者は，塑性材の品質管理のため，製造時に物理特性に関する試験を実施する．塑性材については特に施工時において締固め管理が重要となるため，練り混ぜた材の含水比について適切な頻度で測定することが望ましい．例を**表2.3.2**に示す．また，製造者は製造した材に対して受渡検査を実施する．受渡検査では製

造プラントで製造した固化前の塑性材を室内で養生した試料，または施工箇所からチェックボーリング等により採取した試料を用いて，物理特性，力学特性，環境安全性に関わる項目を測定する．詳細は指針（案）**4章**を参照のこと．

表2.3.2　製造時における塑性材の品質管理に関わる測定項目と頻度（例）

測定項目	測定方法	頻度
含水比	RI法※	1日1回以上

※RI法以外にも，**表2.3.3**に示す方法で測定しても良い．

2.3.5　塑性材の運搬

製造した固化前の塑性材は，ダンプトラックで施工場所に運搬するのが一般的である．製造直後からセメント水和反応が始まり，塑性材中の水分が消費されるため，現地に到着した時点で締固め施工に良好な状態を保てるように運搬時間を設定する．

2.3.6　施工・養生

通常の土砂と同様な締固め施工による場合は，ブルドーザ等で敷き均した後，ローラなどの締固め機械によって締め固める．締固め後の1層の仕上がり厚さは一般的な盛土施工では30 cm程度である．構造物の裏込めなど施工部位が狭隘な場合は，十分な締固めが行えるように仕上がり厚さを小さくし，小型の締固め機械を使用する必要がある．法面は，バックホウに装着した法面バケット等を用いて転圧する．要求される締固め度や締固め機械などによって締固め特性が異なるため，試験施工を行って敷均し厚さや締固め回数を決定するのが望ましい．

代表的な締固め管理方法を**表2.3.3**に示す．固化前の塑性材はシルト質であるため，適用土質が粘土とされている試験方法を採用するのが妥当と考えられる．密度，水分測定ではRI法が一般的に使用される．

振動締固めによる場合は，バックホウで塑性材を型枠内に敷き均し，締固め機器を用いて締め固める．振動締固めを行う場合，まき出し厚さは90 cm，振動時間は60秒以上で，締固め後の1層の仕上がり厚さは80 cm程度である．要求される締固め度や締固め機械などによって締固め特性が異なるため，試験施工を行って，敷均し厚さと締固め時間を決定するのが望ましい．

締固め作業中に粉塵が発生する恐れがある場合は，必要に応じて散水養生を行う．また施工中の降雨に対しては，降雨量に応じて品質低下を防ぐための処置を講じる．1日の締固め施工が終了した後は，シート養生を行い，乾燥や雨水浸透を防止する．施工後も覆土するまでの期間中はシート養生することが望ましい．

3．スラリー材

3.1　一　　般

スラリー材は，主に現地に設けた製造プラントにおいて，型式検査で要求品質への適合を判定した配合条件で原料を練り混ぜ，ポンプによる圧送等で施工箇所に運搬し打ち込み，一体化した固化体として地盤材料とするものである．その原料や配合等により品質特性も個々に異なるため，適用にあたっては関係する技術基準類を満足し

表 2.3.3　塑性材に適用可能な締固め管理方法 5) を一部抜粋して転載

		試験・測定方法	原理・特徴
品質規定	密度	ブロックサンプリング	掘り出した土塊体積の直接（パラフィンを湿布し，液体に浸すなどして）測定
		砂置換法	掘り出した跡の穴を別の材料（乾燥砂等）で置換することによる掘り出した土の体積測定
		RI 法	土中の放射線（ガンマ線）透過減衰による間接測定
		衝撃加速度法	重錘落下時の衝撃加速度を用いた間接測定
	含水量	炉乾燥法	一定温度（110 ℃）による乾燥
		RI 法	放射線（中性子）と土中の水素元素との散乱・吸収を利用した間接測定
品質規定	強度・変形	平板載荷法 現場 CBR 試験	静的載荷による変位量を用いた測定
		ポータブルコーン貫入	コーンの静的貫入抵抗を用いた測定
		プルーフローリング	タイヤローラ等の転圧車輪の沈下・変位量（目視）による測定
		衝撃加速度 　重錘落下試験 　HFWD 　衝撃加速度試験	重錘落下時の衝撃加速度，機械インピーダンス，振動載荷時の応答加速度等による間接測定
工法規定		タスクメータ	転圧機械の稼働時間の記録を基に管理する方法
		TS・GNSS を用いた管理	転圧機械の走行記録を基に管理する方法

（出典：日本道路協会，道路土工　盛土指針（平成 22 年度版），p.215，日本道路協会，2010 年 4 月）

た上で適用箇所に要求される材料基準を満足するものを選定する必要がある．また，原料の調達，運搬，施工および出来形管理までの取り扱いについては製造者に留意点を確認し，施工計画に反映させることが必要である．

3.2　スラリー材の用途別適用と留意点

　スラリー材は，流動性が高く，充填性に優れる点が粒状材や塑性材にない特徴である．また，塑性材と同様に固化後は一体化するため，液状化しない．さらに配合によっては天然土砂に比べて単位体積重量を十分小さくできるため，裏込め等の土圧軽減に寄与し，埋立地盤の沈下を抑制することができる．スラリー材は，現地に設けられた製造プラントから圧送運搬され，打設される．圧送距離や使用するポンプの能力を念頭に置いて，固化体として必要な設計強度に適合するように配合試験を行い，フライアッシュ，セメント等固化材，水および必要に応じて添加剤その他の配合を決定する．配合試験により決定した配合設計に基づき，製品の製造開始前に供試体を作製して型式検査を行うとともに，製造開始後は製造時に実施する受渡検査により，スラリー材の品質を確認する（指針（案）**4 章**）．なお，配合設計の段階と現場施工の段階における強度比は 2～3 程度を採用する．

　スラリー打設時には，1 層あたりの層厚毎にスラリー密度に応じた液圧が残圧として護岸・岸壁等に作用する．そのため，打設層厚を大きく設定する場合は注意が必要である．一般的な 1 層あたりの打設高さは 1.0～1.5 m 以下とする．この打設高さは，配合設計の段階におけるブリーディング率や密度試験の結果や施工事

例での品質確認結果に基づき，打設層内の上層と下層に密度差を生じさせずに一様な品質を保つために適切な値として定めたものである．なお，固化後は一体化した固化体となるため，液状化や背面土砂の吸出し検討を省略してよい．

　施工場所近傍に製造プラントを設置するため，事前に現地ヤードの広さを確認する．計画工程に基づき，必要となる日あたりの打設量を計画する．計画打設量を製造可能な製造プラントを選定し，現地ヤードへの配置を計画する．プラント配置ができない場合は，製造プラントを小さくして工程を長くするなどの計画修正を行う．製造プラントのほか，材料貯蔵用のサイロや圧送ポンプ，分電盤，発電機などの配置も併せて計画する．フライアッシュを乾灰で用いる場合のサイロの規格は材料の補給が適切な頻度で行える大きさとする．湿灰やエージング灰（既成灰）を用いる場合は，野積み場を設けるとともに粉塵対策を講じる．

　スラリー材の主な用途において，設計時に考慮または留意すべき事項を 3.2.1〜3.2.5 に示す．なお，以降に示す要求品質はいずれも参考であり，実際の適用にあたっては，利用側で定められている諸基準等に従うものとする．その際，これらの規定は天然材料あるいは流動化処理土を前提として書かれているので，その用途に求められる要求品質と，適用するスラリー材の特性（物理特性，力学特性，環境安全性）について十分検討を行うこととする．

3.2.1　裏込材

　スラリー材は，配合によっては天然土砂に比べて単位体積重量を十分小さくすることができるため，裏込め等の土圧軽減に寄与し，埋立地盤の沈下を抑制することができる．また，護岸・岸壁構造物背面に使用した場合，裏込材が密に充填されていることで，裏込材より陸側に埋め立てられる土砂が海域に吸い出されることを防止できる．

　護岸背面の埋立地盤や，岸壁背面のエプロン部に適用するスラリー材は，走行する車両や設置物の荷重等の上載荷重により地盤沈下しない強度を有する必要がある．構造物の裏込めに適用するスラリー材の品質基準について，「流動化処理土利用技術マニュアル」等に基づき，**表 3.2.1** に示す値が目安となる．一般に材齢 28 日の一軸圧縮強さが 1,000 kN/m^2 程度以下であれば，再掘削は十分可能とされている．ただし，スラリー材はポゾラン反応の進行に伴い，長期的に強度が高くなる性質を持っているので，再掘削が想定される用途に使用する際には，注意を要する．なお，スラリー材の物理特性および力学特性は，原料や配合によって異なるため，事前に土質試験等を行って調べることが望ましい．実施工するスラリー材の品質は検査報告書等により確認する．

表 3.2.1　裏込材に求められる要求品質（参考）[6]を一部抜粋して転載

用途（詳細）	適用対象	フロー値	ブリーディング率	湿潤密度	一軸圧縮強さ
土木構造物の裏込め	擁壁橋台等	110 mm 以上	1%未満	1.6 g/cm^3	100 kN/m^2 以上（材齢 28 日）

（出典：土木研究所，流動化処理工法総合監理（編），流動化処理土利用技術マニュアル（平成 19 年/第 2 版），技報堂出版，2008 年 2 月）

3.2.2　埋 戻 材

スラリー材を埋戻しに用いた場合，狭隘部にも充填が可能で，かつ締固めが不要な点が利点となる．特に埋戻し部の形状が複雑な場合には，完全な埋戻し充填が困難なため，地下水による浸食や集中が起こりやすく，埋戻した土砂の流出による地盤反力の低下，地下空洞の発達による路面陥没，供用中の函体内への漏水等が生じる懸念があるため，流動性が高く，充填性に優れたスラリー材の利用が推奨される．

埋戻工に適用するスラリー材の品質について，「流動化処理土利用技術マニュアル」等に基づき，**表 3.2.2** に示す値が目安となる．なお，一般に材齢 28 日の一軸圧縮強さが 1,000 kN/m² 程度以下であれば，再掘削は十分可能とされている．ただし，スラリー材はポゾラン反応の進行に伴い，長期的に強度が高くなる性質を持っているので，再掘削が想定される用途に使用する際には注意を要する．スラリー材の物理特性および力学特性は，原料や配合によって異なるため，事前に土質試験等を行って調べることが望ましい．実施工するスラリー材の品質は検査報告書等により確認する．

表 3.2.2　埋戻材に求められる要求品質（参考）[6]を一部抜粋して転載

用途（詳細）	適用対象	フロー値（打設時）	ブリーディング率	湿潤密度	一軸圧縮強さ
地下構造物の埋戻し	共同溝躯体 建築地下部 地下駐車場 地下鉄駅舎 開削地下鉄 開削トンネル ボックスカルバート等	110 mm 以上	1%未満	1.5 g/cm³ 以上	300 kN/m² 以上（ただし，密度 1.60 g/cm³ 以上の場合は 100 kN/m² 以上）
地下空間の充填	廃坑や坑道の充填	200 mm 以上	3%未満	1.4 g/cm³ 以上	300 kN/m² 以上（密度 1.60 g/cm³ 以上の場合は 100 kN/m² 以上）
小規模空洞の充填	路面下空洞，構造物背面の空洞，廃管の内部等	200 mm 以上	3%未満	1.4 g/cm³ 以上	300 kN/m² 以上（ただし，外力が作用しない場合は 100 kN/m² 以上）
埋設管の埋戻し	ガス管，上下水道管等	140 mm 以上	3%未満	1.4 g/cm³ 以上	（後日復旧） 車道下：交通解放時 130 kN/m² 以上 28 日後　200〜600kN/m² 歩道下：交通解放時 50 kN/m² 以上 28 日後　200〜600kN/m²
埋設管の受け防護	ガス管，上下水道管等	110 mm 以上	1%未満	1.4 g/cm³ 以上	300 kN/m² 以上（ただし，密度 1.60 g/cm³ 以上の場合は 100 kN/m² 以上）
基礎周辺の埋戻し	橋脚基礎，杭基礎周辺部等	110 mm 以上	1%未満	1.6 g/cm³ 以上	100 kN/m² 以上

（出典：土木研究所，流動化処理工法総合監理（編），流動化処理土利用技術マニュアル（平成 19 年/第 2 版），技報堂出版，2008 年 2 月）

3.2.3　裏 埋 材

塑性材と同様に **2.2.4** で示したとおりである．

3.2.4　中 詰 材

　中詰材は，ケーソン，セル，二重矢板等といった構造物の中空部に充填される地盤材料である．スラリー材を中詰材として利用する場合は，「港湾工事共通仕様書」等，構造物の用途および適用箇所に関わる技術基準類に従い適切に行う必要がある．その際，これらの技術基準類の規定は天然材料を前提として書かれているため，構造物の用途と基準の規定を理解した上で，指針（案）2章および3章に示した石炭灰混合材料の特性および環境への影響を十分検討する必要がある．通常は単位体積重量の大きい方が安定計算上有利となる場合が多いが，スラリー材を中詰材に用いる場合は，単位体積重量よりも充填性が重視される．設計にあたっては，スラリー材は単位体積重量と流動性を配合設計により調整できることから，事前に土質試験等を行って調べることが望ましい．実施工するスラリー材の品質は検査報告書等により確認する．なお，固化後のスラリー材は一体化し，材齢とともに一軸圧縮強さが大きくなる．打設後の膨張性も含めて，ケーソン等に悪影響を及ぼさないか注意が必要である．

　地盤材料としての利用からは外れるが，スラリー材は，新設管設置に伴う二次覆工や残置廃止管の充填といった用途にも利用可能である．これらの用途に用いられる場合は流動性が求められる他，強度が求められる場合もある．スラリー材の特性を良く把握した上で，適切に取り扱うことが必要である．

3.2.5　遮 水 材

　スラリー材は，管理型海面最終処分場の側面遮水工（遮水矢板の継手部における遮水工を含む）および底面遮水工（現地盤遮水層厚が薄層な箇所への部分的な補填）等に使用する遮水材として適用した事例がある．スラリー材は流動性が高く，遮水部領域への確実な充填を期待することができる．側面遮水工と底面遮水工では要求される遮水品質が異なるため，適用箇所に応じて製造する遮水材の透水係数を調整・確認する．フライアッシュ，セメントおよび水のみで配合設計したスラリー材でも 1×10^{-8} m/s 以下の透水係数を得ることは可能である．加えてスラリー材に短繊維材を混合することで，地震時や上載荷重が作用した際の変形によるクラック発生を抑制する靱性機能を付与し，遮水品質を維持することができる．短繊維材（長さ 10〜30 mm）を体積比 0.5〜1.0%にて配合した施工事例がある（**付録V**）．

　設計上の検討項目の例として乾燥収縮がある．側面遮水工の矢板継手部の遮水材として適用する場合，水中部への適用では湿潤状態が保たれる．しかし，気中部へ打設する場合は，乾燥による収縮により，ひび割れや矢板との間に隙間が生じ，水みちとなる可能性がある．対策としては，湛水養生を講じる，または気中部には適用しないことが望ましい．

　フライアッシュからの重金属等の溶出を抑制するためセメント等固化材を添加するが，その添加量は遮水材の変形追随性を損なわないよう少量に留めることもできる．既往工事では 70 kg/m³ 程度とした施工事例がある（**付録V**）．

3.3　スラリー材の製造・施工

3.3.1　製造・施工準備

　スラリー材の製造・施工フローを**図 3.3.1** に示す．配置場所の地耐力が確保できない場合は，敷鉄板を設置した上に製造プラント等を配置する．資材搬入の車両の走路と，スラリー混合・圧送のホースが交差しな

いように配慮することが望ましい.

　原料の飛散防止，粉塵や排水対策等の環境面に配慮した仮設備を設ける必要があり，例えば，粉塵対策や設備やヤード内の清掃用に高圧洗浄機などを準備しておくと良い. また，余剰となるスラリーを貯蔵し廃棄できるように準備する. 混合水は上水，水道水，海水などを適切に選定・調達し，水槽に貯留する. また，施工箇所においては，事前に踏査観察と土質調査を行い，基礎地盤の適切な処理を行うことが大切である.

3.3.2　原料の調達・運搬・貯蔵

塑性材と同様に 2.3.2 で示したとおりである.

3.3.3　配合設計

　スラリー材は塑性材と同様にセメント等固化材，水，必要に応じて土砂等を加えて，ミキサで混合して製造するが，流動性を高めるために水粉体比が異なる. また，スラリー材には，建設現場から出た発生土や浚渫土等を配合する場合もある. 固化材にはセメントを使用する場合が多い. 水量はフロー値（例えば JHS A 313）またはスランプ値（JIS A 1101）を基に設定することが望ましい. 標準的な配合例を**表 3.3.1**に示す. 要求品質を満足する配合が定まったら，製造プラントでの製品製造に先立ち，供試体を作製して型式検査を行い，要求品質への適合を判定する. 型式検査は，物理特性，力学特性および環境安全性に関わる検査で構成され，利用用途によって項目と基準が異なる. 詳細は指針（案）**4 章**を参照のこと.

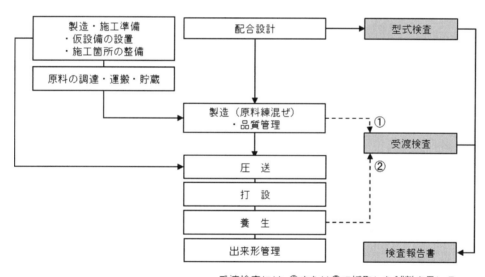

受渡検査には，①または②で採取した試料を用いる

図 3.3.1　スラリー材の製造・施工フローの概要

表 3.3.1　標準的なスラリー材の配合例（質量比）

| フライアッシュ | 固化材 | | 水※1 | その他 | |
	セメント	副添加材		添加剤等 （気泡剤，硬化促進剤等）	その他（土砂等※2）
100	6〜20	0	40〜150	0〜	0〜400

※1　海水を用いる場合もある.　　※2　浚渫土砂やクリンカアッシュを混合する場合もある.

3.3.4　製　　造

　施工場所の近傍にバッチャープラントなどの製造プラントを設置し，セメントなどの固化材と水，必要に応じて土砂等を混合する．フライアッシュとその他の原料が均質に混合されるように，試験練りを行って原料の投入順序や混合時間を設定する．一般的には，フライアッシュに水を混合し，その後セメントを添加する方法が用いられる．また乾灰のフライアッシュとセメントを粉体の状態で混合した後に水を加える方法もある．フライアッシュによっては加湿により自硬性を示すものがある．特に，湿灰やエージング灰（既成灰）を使用する場合は，フライアッシュが固結していないことを確認するとともに，固結が確認された場合は事前に粉砕を行う等，団粒が生じないように注意する．製造したスラリーはアジテータ内に撹拌した状態で貯留する．

　気泡を混合した軽量混合処理土を製造する場合は，フライアッシュに水とセメントを混合したスラリーをアジテータに貯蔵し，ポンプで圧送する途中に，必要に応じて別途製造した発泡材を混入する．

　フライアッシュ，セメント，水以外に複数の材料を合わせて混合する場合は，配合する量や物理・化学特性等を考慮して混合順番を検討する．例えば遮水材としてベントナイトを混合する場合は，ベントナイトの膨潤時間を考慮するとともに，セメントによる硬化時間および石炭灰の吸水性に配慮した順番で混合し，適切な時間内に圧送する必要がある．

　管理型海面最終処分場の遮水材にスラリー材を適用する場合の製造フロー例を**図 3.3.2**に示す．

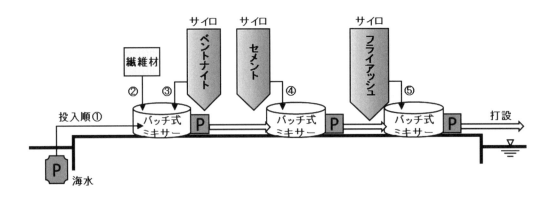

図 3.3.2　管理型海面最終処分場の遮水材にスラリー材を適用する場合の製造フロー（例）

　製造者は，スラリー材の品質管理のため，受渡当事者間の協議に基づき製造時に物理特性に関する試験を実施する．フロー値（または，スランプ値），含水比および密度による管理例を**表 3.3.2**に示す．

　フロー値およびスランプ値はポンプ圧送性を判断する指標であり，含水比や密度は強度等の品質を確認するための指標である．これらの値は工事に使用するポンプの規格に応じて設定する．フロー値で管理する場合，一般的にはシリンダフロー試験により力学特性に応じて 100～250 mm の範囲で適切に設定する．また，スランプ値で管理する場合は，10～20 cm の範囲で設定する．これらの値が小さいと圧送中にホース内で詰まる懸念が，逆に大きいと材料分離する懸念が生じるため，所定の範囲に入るように製造時には水量を微調整することとなる．原料を混合したスラリーのフロー値またはスランプ値が変動する理由として，フライアッシュの含水比が貯蔵状態の影響を受けること，また炭種によってフライアッシュの吸水性に違いが生じる可能性があること等が挙げられる．

　製造プラントにおけるスラリーの含水比測定は，電子レンジ法等により簡易に行うことが多い．その場合，採取したスラリー試料の表面が乾燥して膜を張ったような状態になり，試料内部の水蒸気が噴出する際に試料が飛び散る場合がある．そのため試料量は少なくし蒸発皿に薄く広げ，低出力にて乾燥時間を短くし，こまめに乾燥を繰り返すなどの工夫が必要となる場合がある．また，密度試験は，簡易的には体積が既知の容器（一般に 2 L 程度）に混合スラリーを注入して重量を計測する．この場合，容器中に空気を巻き込まないように注意する．

　フロー値，スランプ値，含水比，密度が所定の値から乖離した場合は，混合作業を中断し，製造プラントの材料供給設備や計量設備に異常がないか点検する．

　湿灰またはエージング灰（既成灰）を原料に用いる場合は，混合前の含水比を測定するとともに，混合後のフロー値（またはスランプ値）を確認し，圧送に適した流動性を有しているかの確認を行い，フロー値（またはスランプ値）が規定の範囲外となった場合は水量を調整するなどの対処を行う．

　また，製造者は，製造した材に対して受渡検査を実施する．受渡検査では製造プラントで製造したスラリーを室内で養生した試料，または施工箇所からチェックボーリング等により採取した試料を用いて，物理特性，力学特性，環境安全性に関わる項目を測定する．詳細は指針（案）**4 章**を参照のこと．

表 3.3.2　製造時におけるスラリー材の品質管理に関わる測定項目と頻度（例）

測定項目	測定方法		頻度
フロー値	JHS A 313	エアモルタル及びエアミルクの試験方法 シリンダフロー試験	1 日 1 回以上
	JSCE-F 521	プレパックドコンクリートの注入モルタルの流動性試験方法（P 漏斗による方法）	
スランプ値	JIS A 1101	コンクリートのスランプ試験方法	
含水比	JGS 0122	電子レンジを用いた土の含水比試験方法	
湿潤密度	重量測定法「気泡混合軽量土を用いた軽量盛土工法の設計・施工指針」		

3.3.5　圧送・打設・養生

　スラリー材の施工事例として，スラリー材を空洞充填材として使用する場合の施工状況を**図 3.3.3**に示す．スラリー材はコンクリートポンプなどにより打設箇所まで圧送する．圧送ポンプの規格は，圧送距離とともにホース吊り上げ時の揚程を考慮して選定する．圧送は連続打設を基本とし，途中に休憩等を挟む場合はホース内のスラリーが固まらないように配慮する．作業終了時にはピグ洗浄等を行い，圧送ホース内のスラリーを排出する．

　圧送ホースの筒先から吐出したスラリーの法面は緩勾配となる場合が多い．スラリーの流下距離が大きくなると配合によっては材料の均一性が損なわれる可能性がある．そのため，流下距離を短くするために圧送ホースの筒先を適宜移動させながら打設することを検討する．

　長距離の空洞を対象とする場合は，中継ポンプの必要性を検討するとともに，打設したスラリーの妻部に型枠を設置して奥部から順次施工する．

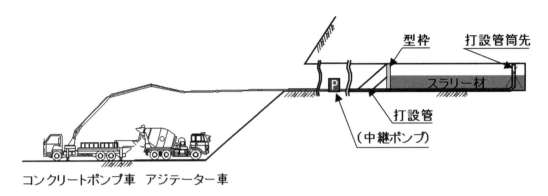

コンクリートポンプ車　アジテーター車

図 3.3.3　空洞充填材に石炭灰混合材料（スラリー）を適用する場合の施工状況図（例）

　水中への打設を行う場合，圧送ホース筒先がスラリー内に入っていない状態で打設すると，周辺の水を巻き込んで含水比の高い状態となるため，材料分離が発生しやすくなり，品質低下の懸念が生じる．そのため，ホースの筒先を打設済スラリー内に入れた状態で打設する．

　スラリー材の施工管理においては，打設翌日に高さを計測することが望ましい．これは，打設時に空気や水の巻込み等により発生する未充填箇所に，打設後，スラリー材が流動して充填が進むことで，打設直後の出来形より打設高が沈下する可能性があるためである．打設翌日にはスラリー材の初期硬化が始まり流動性が収束するため，出来形は安定する．出来形不足となる場合は追加打設を行い，所定の出来形を確保する．

　スラリー材は流動性を有しているためその自立勾配は緩い．したがって日当りの施工端部や工事の工区境，施工範囲の端部には型枠等の法止めを設置し，出来形を確保できるように計画する．またケーソンや上部工などの目地部には目地板等を設置し，構造物背面から目地を通じて前面にスラリー材が漏出しないように計画する．

参考文献

1)　土木研究所（編）：第 4 版　建設発生土利用技術マニュアル，土木研究センター，2013.

2)　建設汚泥再生利用指針検討委員会：建設汚泥再生利用指針検討委員会報告書（平成 18 年 3 月），2006.

3)　日本港湾協会：港湾の施設の技術上の基準・同解説（中），p.818，日本港湾協会，2018.

4)　日本道路協会：舗装再生便覧（平成 22 年版），日本道路協会，2010.

5)　日本道路協会：道路土工-盛土指針（平成 22 年度版），p.215，日本道路協会，2010.

6)　土木研究所，流動化処理工法総合監理（編），流動化処理土利用技術マニュアル（平成 19 年/第 2 版），p.51，2008.

付録II　石炭灰について

本稿は，石炭エネルギーセンターの「石炭灰混合材料有効利用ガイドライン（統合改訂版）」（平成30年2月発行）参考資料の一部を再構成したものである．

1．石炭灰の発生

1.1　石炭の利用状況

　石炭は，石油や天然ガスに比べ地域的な偏在性が少なく，可採埋蔵量は 10,350 億トンで，国別には，米国（24.2%），ロシア（15.5%），豪州（14.0%），中国（13.4%），インド（9.4%）等と比較的政治が安定している地域を中心に広く賦存している．可採年数は 134 年[1]と，石油が 50.2 年，天然ガスが 52.6 年であるのに対し，石油の 2.7 倍，天然ガスの 2.5 倍と長く，かつ，カロリー単価が安価な資源である．現在，我が国は，一次エネルギー供給の 90%以上を化石燃料が占め，そのほとんどを輸入に依存していることから，調達安定性と経済性に優れた石炭の利用は，エネルギー政策上，極めて重要なものとなっている．

　図 1 に日本の国内炭・輸入炭供給量の推移[2]を示す．主に燃料として用いられる一般炭は，1960 年代まで国内炭が使われていたが，その後進んだエネルギー革命により石油への転換が進むと，その供給量は大きく減少した．しかし，1979 年の第 2 次石油危機以降，石油代替政策の一環として石炭火力発電所の新設・増設が進むと，一般炭の輸入量は年々増加し，2017 年度は過去最高となる 124 百万トンに達している．2017 年度の一般炭の輸入先は，オーストラリアが 72.0%と最も多く，インドネシア（11.8%），ロシア(10.7%)の順となっている（図 2）．

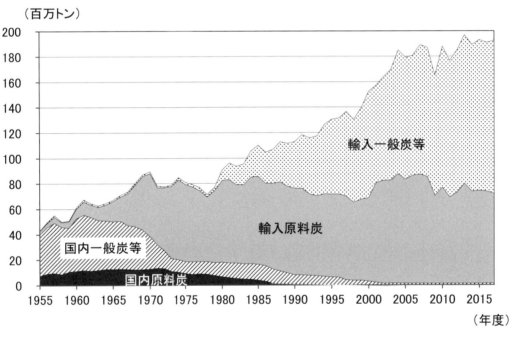

図 1　国内炭・輸入炭の供給量推移（1965〜2017 年度）[2]

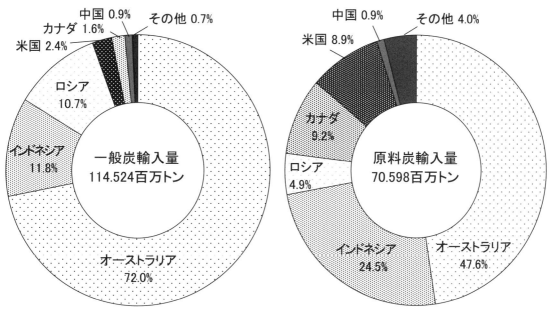

財務省：日本貿易月報より作成

図2　石炭輸入先（2017年度）

　我が国の石炭の用途別消費量の推移を**図3**に示す．電気業における石炭消費量は，1960年代は25百万トンを上回っていたが，石油への転換が進み1970年代後半には約7百万トンにまで低下した．第2次石油ショック以降，石炭消費量は再び増加をはじめ，現在では電気業が最大の石炭消費者として約114百万トン（2017年度）を消費している．

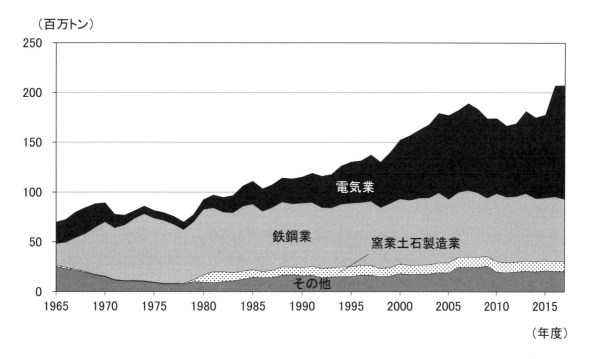

図3　石炭の用途別消費量の推移（1965〜2017年度）[2]

1.2　石炭燃焼プロセスと石炭火力発電所

　石炭の燃焼方式は，固定床，流動床，噴流床に大別される（**図4**）．この内，固定床燃焼は，塊状の石炭をコンベア型燃焼器で移動させながら燃焼させるストーカ燃焼ボイラが最も多く用いられるが，大型化が困難なため，発電用途にはほとんど使われていない．流動床燃焼は，気流により浮遊，流動化している石灰石や珪砂層に，粒状の石炭を投入して燃焼する方式で，熱伝導性が高く，ボイラを小型化できるとともに，ボイラ内で硫黄酸化物を除去できるため，設備をコンパクト化できる利点を持つ．噴流床燃焼として代表的な微粉炭燃焼ボイラは，バーナにより中位径数十μmの微粉炭を空気とともに噴出して燃焼させるもので，燃焼性が良く大型化にも対応する．その他，ガス化した石炭（石炭ガス）を燃料として，ガスタービンと蒸気タービンの両方で複合発電する石炭ガス化複合発電（IGCC）があり，2013年から商用運転が始まっている．

　国内の主な石炭火力発電所を**図5**に示す．2019年8月現在，臨海部を中心に，一般電気事業者，卸電気事業者および旧みなし卸電気事業者の石炭火力発電所が38か所（休止中を含む）あるが，その大部分は微粉炭燃焼ボイラを採用している．

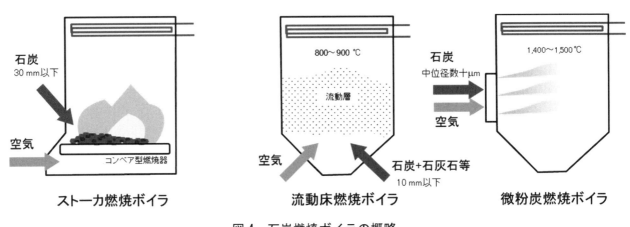

図4　石炭燃焼ボイラの概略

1.3　石炭灰の発生量

　石炭には5〜30%程度の灰分が含有されており，燃焼に伴い石炭灰が副産物として発生する．**図6**に示すように，国内で発生する石炭灰は，2004年度以降10百万トンを超えており，2017年度では，鉄鋼業，化学工業，パルプ・紙・紙加工品製造業といった一般産業から生成される石炭灰は3,564千トン，電気業から生成される石炭灰は9,234千トンとなっている[3)]．

　電源としての石炭火力は，2018年度の実績で発電電力量の約32.2%を占めている[4)]．2018年7月に閣議決定された新たな「第5次エネルギー基本計画」においても，「重要なベースロード電源」と位置付けられている．しかし，2030年に向け，高効率化・次世代化の推進と非効率石炭火力のフェードアウトに取り組むことが明記されており，今後の政策対応によっては，石炭灰発生量は減少することも予想されている．

図 5　国内の主な石炭火力発電所（電力 8 社，電源開発，JERA，共同火力，共同電力：　2019 年 8 月時点）

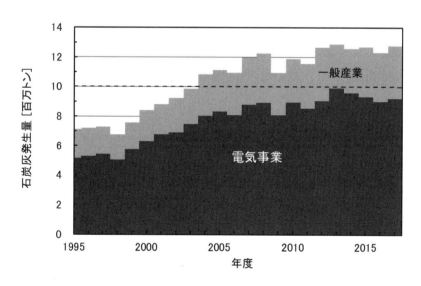

電気事業
電力会社 10 社，電源開発，酒田共火，常磐共火，相馬共火，住友共同電力

一般産業
1,000kW 以上の発電設備を持つ，パルプ・紙製造業，化学工業，鉄鋼業，IPP，PPS 等

図 6　石炭灰発生量の推移

2．石炭灰の種類

　石炭灰は燃焼方式や回収位置によって性状が異なる．なお，後述する FBC 灰は，指針（案）で対象とする石炭灰に含まない．

2.1　微粉炭燃焼ボイラから生成する石炭灰

　微粉炭燃焼における石炭灰の発生工程の例を**図 7** に示す．ボイラ内は 1,200〜1,600 ℃ に加熱されており，一部の石炭灰粒子はボイラ内で溶解して相互に凝集し，炉底（クリンカホッパ）に落下する．これがクリンカアッシュと呼ばれる石炭灰で，風冷（乾式法）または水冷（湿式法）された後，クリンカクラッシャ（粉砕機）により粉砕されるため，砂状もしくは粒状を呈する．一方，燃焼ガスとともに煙道下流に移行し，電気集じん器（EP）で回収される石炭灰をフライアッシュと呼ぶ．粒径は，概ね 90%以上が 0.1 mm 以下であり，0.05 mm 以下の粒子を「細粉」，0.1〜0.05 mm の粒子を「粗粉」と称することがある．その他に，燃焼ガスが空気予熱器・節炭器等を通過する際に落下採取された，比較的目の粗い石炭灰であるシンダアッシュがあるが，発生量はわずかであり，フライアッシュに含める場合もある．大まかな発生比率は，フライアッシュ：クリンカアッシュ＝9：1 程度である．

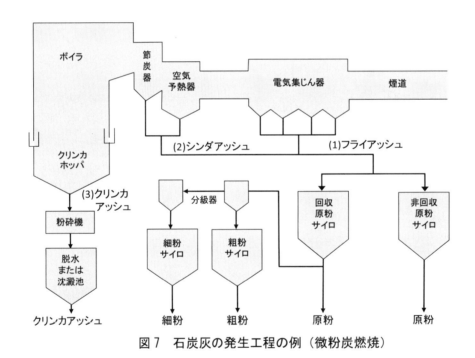

図 7　石炭灰の発生工程の例（微粉炭燃焼）

2.2　流動床燃焼ボイラから生成する石炭灰

　流動床燃焼ボイラでは，800〜900℃ の低温で燃焼が行われる．ボイラ底部で回収される石炭灰をボトムアッシュ，電気集じん器で回収される石炭灰をフライアッシュと呼び，発生比率は，フライアッシュ：ボトムアッシュ＝85:15 程度である．ボイラ内に石灰石を投入した場合，ボイラ内で脱硫が可能であるが，生成する石炭灰には石灰や石膏等が混入するため，微粉炭燃焼で生成する石炭灰よりも Ca と SO_3 含有量が高いという特徴を持つ．そのため，水に対する活性が高く自硬性を持つ等，微粉炭燃焼灰と異なる性状を有する．このため，流動床燃焼ボイラから生成する石炭灰は，FBC 灰（加圧流動床燃焼ボイラの場合は PFBC 灰）と称

し，微粉炭燃焼により生成する石炭灰と区別することが多い．

2.3 エージング灰（既成灰）

火力発電所から副生され，既に長期間埋立地等に埋め立てられている石炭灰である．飛散防止のために加湿した石炭灰を「湿灰」と呼ぶこともあるが，その状態で一定期間貯蔵された石炭灰もエージング灰（既成灰）と似た性状を有すると考えられている．

3．石炭灰の物理・化学的特性

微粉炭燃焼により生成するフライアッシュとクリンカアッシュの主な性状を以下に示す．

a) 色

多くの場合，灰白色を呈しているが，灰中に含まれる未燃炭素の量によっては黒味を帯び，鉄分が多いとわずかに黄～褐色を帯びる．

b) 形状

フライアッシュは平均粒径が 25 μm 程度の粒子であり，多くは球状を呈している．一方，クリンカアッシュは，細礫～粗砂を中心とした粒度分布を持ち，多孔質のものが多い．

c) 粒子密度

フライアッシュ，クリンカアッシュともに 1.9～2.5 g/cm³ の範囲に入っており，山砂等（2.6 g/cm³ 程度）と同等もしくは小さい．

d) 主要化学成分

α-クォーツ（SiO_2），ムライト（$2SiO_2・3Al_2O_3$）やマグネタイト（Fe_3O_4）といった結晶質鉱物と，非晶質鉱物(ガラス質)から構成される．化学成分組成は炭種の違いによって多少の差異はあるが，けい素（SiO_2）とアルミニウム（Al_2O_3）で全体の 70～80%を占める．その他，鉄（Fe_2O_3），カルシウム（CaO），マグネシウム（MgO）が含まれており，天然土壌に近い化学成分組成を有している [5),6)]（表1）．

表1 フライアッシュ，クリンカアッシュ，日本列島の上部地殻の平均組成推定値および普通ポルトランドセメントの化学成分例

	SiO_2 (%)	Al_2O_3 (%)	Fe_2O_3 (%)	CaO (%)	MgO (%)
フライアッシュ	42～79	17～36	1～18	4～26	1～7
クリンカアッシュ	52～64	17～27	4～11	2～9	1～3
日本列島の上部地殻平均組成推定値 [6)]	67.5	14.7	5.4	3.9	2.5
普通ポルトランドセメント	21	5	3	64	2

e) 微量成分

石炭は，石炭紀から新第三紀にかけて地中に堆積した植物が地熱や圧力を受けて変質，炭化したものである．そのため，植物体が生育期間中に吸収，貯蓄した微量成分や，現地の地質的条件に由来する微量成分を含んでいる．発電所において，高温下の火炉に投入された石炭は，有機成分が燃焼するとともに，無機成分

は熱分解あるいは酸化を受けながら，一部が石炭灰粒子を形成する．微量成分についても，燃焼に伴って一部は石炭灰粒子を形成したり，石炭灰の表面に付着したりすると考えられている[7]．

国内の発電所から発生した石炭灰中の微量成分全含有量の測定結果例[8]を**表2**に示す．同表には，参考として土壌汚染対策法における含有量基準を併記した．前者が全分解法による含有量なのに対し，後者は1N塩酸（六価クロムについては0.015N炭酸ナトリウム緩衝液）抽出量であることに注意が必要であるが，石炭灰中の微量成分全含有量の平均値は，土壌汚染対策法に基づく含有量基準と比較しても低値にあることが分かる．

表2　石炭灰中の微量成分全含有量の測定結果例

成分	範囲 (mg/kg)	平均値 (mg/kg)	対象試料数	【参考】含有量基準[※1] (mg/kg)
水銀	≦0.001 〜 1.46	0.17	84	15
カドミウム	≦0.03 〜 8.86	1.41	84	150
鉛	2.8 〜 210	53.1	75	150
クロム	28 〜 160[※2]	78.5[※2]	38	250[※3]
砒素	≦0.01 〜 91	15.0	99	150
セレン	≦0.5 〜 54	8.1	97	150
ほう素	23 〜 1,330	428	36	4,000

注：定量下限未満は定量下限値を測定値として平均値を算出した
※1：土壌汚染対策法における含有量基準
※2：全クロムの値
※3：六価クロムとして

表3は国内の発電所から発生した石炭灰（フライアッシュ）を対象に，溶出試験（環告46号試験もしくは昭和48年環境庁告示13号試験）を行った結果をまとめたものである．溶出濃度は石炭灰によって異なるが，溶出する可能性のある元素としては，六価クロム，砒素，セレン，ほう素およびふっ素が挙げられる．

表3　石炭灰（フライアッシュ）の溶出試験結果例

項目	濃度（中央値）(mg/L)	標準偏差	n
総水銀	<0.0005	ー	21
カドミウム	<0.001	ー	25
鉛	<0.005	ー	33
六価クロム	0.05	0.12	56
砒素	0.012	0.055	47
セレン	0.08	0.110	54
ほう素	2.3	7.9	56
ふっ素	1.2	1.8	34

2000年〜2008年度に公開された報告書・論文24編を対象に，国内の発電所から発生した石炭灰について環告46号試験または昭和48年環告13号に定める溶出試験をおこなった結果を抽出し，まとめたもの

参考文献

1)　BP p.l.c.：BP Statistical Review of World Energy 2019, 2019.

2)　経済産業省資源エネルギー庁: 「平成 30 年度エネルギーに関する年次報告」（エネルギー白書 2019），2019.

3)　石炭エネルギーセンター: 石炭灰全国実態調査報告書（平成 29 年度実績），2019.

4)　経済産業省：電力調査統計表（2018 年度），2019. などより作成

5)　日本フライアッシュ協会: 石炭灰ハンドブック（第 6 版），2015.

6)　Togashi, S., Imai, N. and Okuyama-Kusunose, Y.: Young upper crustal chemical composition of the orgenic Japan Arc, Geochemistry Geophysics Geosystems, Vol.1, 2000GC000083, 2000.

7)　横山隆壽：石炭火力排ガス中の微量元素のマスバランスについて，石炭灰有効利用シンポジウム，2004.

8)　土木学会：循環社会に適合したフライアッシュコンクリートの最新利用技術，コンクリートライブラリー132，2009.

付録Ⅲ　循環資材の利用に関する関連法規・指針等と利用形態に即した環境安全品質の考え方

1．循環資材の利用に関する関連法規・指針等

　循環型社会形成推進基本法では，廃棄物等のうち有用なものを循環資源としている．循環資材は循環資源のうち建設資材として使われるものを指し，石炭灰のほかにコンクリート塊，アスファルト・コンクリート塊，鉄鋼スラグ，非鉄スラグ，エコスラグ（一般廃棄物および下水汚泥溶融スラグ）等が含まれる．循環資材の法令上の取扱い，利用に関わる関連指針，および経済産業省産業技術開発局の示した循環資材の環境安全品質とその検査方法について，以下に取りまとめる．

1.1　廃棄物該当性の判断

　廃棄物の処理及び清掃に関する法律（昭和四十五年法律第百三十七号）では，廃棄物を「占有者が自ら利用し，または他人に有償で譲渡することができないために不要になったもの」として定義しており，「行政処分の指針について（通知）」（環循規発第 18033028 号　平成 30 年 3 月 30 日）において，**表 1** に示す廃棄物該当性を判断する一般的な基準を提示している．

表 1　廃棄物該当性の判断

ア　物の性状

　利用用途に要求される品質を満足し，かつ飛散，流出，悪臭の発生等の生活環境の保全上の支障が発生するおそれのないものであること．実際の判断に当たっては，生活環境の保全に係る関連基準（例えば土壌の汚染に係る環境基準等）を満足すること，その性状について JIS 規格等の一般に認められている客観的な基準が存在する場合は，これに適合していること，十分な品質管理がなされていること等の確認が必要であること．

イ　排出の状況

　排出が需要に沿った計画的なものであり，排出前や排出時に適切な保管や品質管理がなされていること．

ウ　通常の取扱い形態

　製品としての市場が形成されており，廃棄物として処理されている事例が通常は認められないこと．

エ　取引価値の有無

　占有者と取引の相手方の間で有償譲渡がなされており，なおかつ客観的に見て当該取引に経済的合理性があること．実際の判断に当たっては，名目を問わず処理料金に相当する金品の受領がないこと，当該譲渡価格が競合する製品や運送費等の諸経費を勘案しても双方にとって営利活動として合理的な額であること，当該有償譲渡の相手方以外の者に対する有償譲渡の実績があること等の確認が必要であること．

オ　占有者の意思

　客観的要素から社会通念上合理的に認定し得る占有者の意思として，適切に利用し若しくは他人に有償譲渡する意思が認められること，又は放置若しくは処分の意思が認められないこと．したがって，単に占有者において自ら利用し，又は他人に有償で譲渡することができるものであると認識しているか否かは廃棄物に該当するか否かを判断する際の決定的な要素となるものではなく，上記アからエまでの各種判断要素の基準に照らし，適切な利用を行おうとする意思があるとは判断されない場合，又は主として廃棄物の脱法的な処理を目的としたものと判断される場合には，占有者の主張する意思の内容によらず，廃棄物に該当するものと判断されること．

（出典：環循規発第 18033028 号　平成 30 年 3 月 30 日）

　なお，この判断基準については，「物の種類，事案の形態等によってこれらの基準が必ずしもそのまま適用できない場合は，適用可能な基準のみを抽出して用いたり，当該物の種類，事案の形態等に即した他の判断要素をも勘案するなどして，適切に判断されたい」との但し書きがあり，慎重に判断することが求められている．

　循環資材については，所用の品質を有し，有償で売却可能な資材として利用する場合は廃棄物処理法上の廃棄物とはならない．

1.2　循環資材の陸上（一般土木工事）における利用

(1)　土壌汚染対策法（平成十四年法律第五十三号）

　同法律では，「一定規模（3,000 m²）以上の土地の形質変更の届出の際に土壌汚染のおそれがあると都道府県知事が認める場合」等に，土壌の汚染状態に関わる調査を実施することが規定されている．循環資材を地盤材料として陸上工事に利用する場合，または施工後に陸地化する場合において，循環資材を周辺土壌と区別せずに利用する際は，本法が適用される可能性がある．検査方法と判定基準を以下に示す．

a)　土壌溶出量

　検査方法：土壌溶出量調査に係る測定方法を定める件（平成15年3月環境省告示第18号）

　判定基準：土壌汚染対策法施行規則（平成14年環境省令第29号）別表第4

　土壌溶出量に関わる評価は，2 mm目のふるいを通過した土壌（重量：g）に10倍量（容量：mL）の水を加えて対象物質を溶出させ，その溶出液中の濃度が，地下水環境基準の値以下であることを条件として定められている．これは，土壌に含まれる有害物質が地下水に溶出し，人がその地下水を1日2 L，一生涯（70年間）にわたって飲み続けても健康影響が現れない濃度として設定されたものである（ただし，鉛は最も感受性が高いと考えられている乳幼児期の影響を考慮して濃度が設定されている）．

　なお，地下水等の摂取によるリスクについては，既に環境基本法に基づき土壌環境基準が定められている．土壌環境基準は，土壌から地下水等へ汚染物質が溶出することに着目し，地下水等から有害物質を摂取することによる健康影響を防止する観点で定められた基準である．土壌汚染対策法の溶出量基準と土壌環境基準は同じ方法で作成した検液を用いて行い，対象項目の基準値も同じになっている．

b)　土壌含有量

　検査方法：土壌含有量調査に係る測定方法を定める件（平成15年3月環境省告示第19号）

　判定基準：土壌汚染対策法施行規則（平成14年環境省令第29号）別表第5

　土壌含有量に関わる評価は，汚染土壌を直接摂取することによる健康リスクに対して定められており，重金属等を対象としている．基本的には，1日あたり大人100 mg，子供200 mgの土壌を一生涯（70年間）にわたって摂取し続けても健康影響が現れない濃度に設定されている．

　カドミウムを除く重金属は体内に留まる時間が比較的短く，また直接摂取された土壌に含まれる重金属等は必ずしもすべてが体内に吸収されるわけではない．そこで，土壌含有量の試験方法は，全量分析ではなく，酸抽出法（胃酸を想定した溶液によって溶出する重金属含有量）等になっている．

　土壌汚染対策法では，石炭灰混合材料の扱いについて次の通知が示されている．

「土壌汚染対策法の一部を改正する法律による改正後の土壌汚染対策法の施行について」（環水大土発第1903015号 平成31年3月1日）

「非鉄製錬業や鉄鋼業の製錬・製鋼プロセスで副生成物として得られるスラグ等や石炭火力発電に伴い排出

される石炭灰等が土木用・道路用資材等として用いられ，かつ，周辺土壌と区別して用いられる場合は，そもそも土壌とはみなされない.」

すなわち，石炭灰混合材料を地盤材料として使用する場合，施工・供用期間中に周辺土壌と分けて管理できるのであれば，石炭灰混合材料は土壌とみなされないため，土壌環境基準は適用されず，かつ，土壌汚染対策法の調査の命令対象とはならない.　一方，石炭灰混合材料が周辺土壌と混ざり，散逸する恐れのある場合には土壌に準じた扱いとなり，土壌汚染対策法が適用される.

(2)　港湾・空港等整備におけるリサイクルガイドライン（改訂）（国土交通省港湾局，航空局，2018）

同ガイドラインは，港湾・空港等工事における循環資材の適切な利活用の促進を図ることを目的としたもので，利用に際する基本的な考え方，利用手順，用途別の適用技術，関連法令，要求される品質等が体系的に整理されている.

環境安全品質の考え方は，「コンクリート用骨材又は道路用等のスラグ類に化学物質評価方法を導入する指針に関する検討会総合報告書」（経済産業省産業技術開発局，2012）（以降では検討会総合報告書）に基づいており，各利用用途に対して，利用環境および再利用の可能性を考慮して試験方法と判定基準を提示している（詳細は 2.2 に示す）.陸上における利用について**表 2** に示す.なお，同表を参考とする場合は，「個別に十分な検討を行う必要がある」ことに留意する.

表 2　港湾・空港ガイドラインにおける循環資材の環境安全品質に関わる検査，判定基準（陸上工事）

	再利用が想定される用途	再利用が想定されない用途	
工種	舗装工	土工/舗装工	地盤改良工
用途	路盤材，アスファルト舗装骨材	盛土材，路床盛土材，載荷盛土材，覆土材，埋立材	バーチカルドレーン材，サンドマット材，サンドコンパクションパイル材，深層混合処理固化材
溶出量試験	JIS K 0058-1 試験	環告 18 号試験	
含有量試験	JIS K 0058-2 試験	環告 19 号試験	
環境安全品質基準	一般用途溶出量基準※ 含有量基準※		

※：各基準については**表 7**，**表 8** 参照.

土工や地盤改良工に用いる循環資材は，周辺土壌と混合する恐れがあることから，土壌汚染対策法に基づく溶出量試験と含有量試験を適用すべきとしている.　一方，路盤材については周辺土壌と区別可能であることから，土壌とはみなされない.このため，溶出試験としては，スラグ類の化学物質試験方法である JIS K 0058-1 の 5（利用有姿における撹拌試験）が適用されている.また，再利用時における直接摂取の可能性が考慮されており，JIS K 0058-2 による含有量試験を合わせて実施する.

(3)　石炭灰混合材料有効利用ガイドライン（統合改訂版）（石炭エネルギーセンター，2018）

石炭灰混合材料有効利用ガイドライン（エージング灰（既成灰）編）（石炭エネルギーセンター，2016）

環境安全品質の考え方は，(2)と同様に検討会総合報告書に基づく.利用用途別の検査，判定基準を**表 3** に示す.盛土材や埋戻材利用について詳細に場合分けしており，再利用が想定されない箇所で，かつ資材が露出する恐れがない場合は，溶出に関わる検査として JIS K 0058-1 の 5 による利用有姿の溶出試験のみを行い，

直接摂取に関する検査である含有量試験は行わなくても良いとしている.

表3　石炭灰混合材料有効利用ガイドラインにおける環境安全品質（一般土木工事）

工種	再利用が想定される用途		再利用が想定されない用途			
	舗装工	土工	土工		裏込工	地盤改良工
用途	路盤材,路床材,凍上抑制材,アスファルト舗装骨材	盛土材,覆土材,埋戻材	覆土材,盛土材,埋戻材（資材が露出する恐れのある場合）	盛土材,埋戻材（資材が露出する恐れのない場合）	裏込材	バーチカルドレーン材,サンドマット材,サンドコンパクションパイル材,深層混合処理固化材
溶出量試験	JIS K 0058-1 試験	環告 18 号試験	JIS K 0058-1 試験			
含有量試験	JIS K 0058-2 試験	環告 19 号試験	—			
環境安全品質基準	一般用途溶出量基準※含有量基準※		一般用途溶出量基準※			

※：各基準については**表7**,**表8**参照.

(4) 自治体のリサイクル製品認定基準

　2019 年現在,38 道府県がリサイクル製品認定制度を整備しているが,統一化された基準,試験法は整備されておらず,それぞれの自治体の状況に応じてリサイクル製品の環境安全品質を規定している.リサイクル製品の原料について,特別管理一般廃棄物もしくは特別管理産業廃棄物を使用していないことを求める道府県は 31 ある.同制度を持つすべての道府県は,**表4**に示すように,土木資材用途あるいは土壌や水等に溶出する可能性がある用途に対して溶出量基準を設定している.検査方法として環告 46 号試験を規定するところが多いが,一部の道府県では JIS K 0058-1 試験の実施を規定しているところもある.判定基準は原則的に土壌環境基準もしくは土壌汚染対策法に定める土壌溶出量基準が適用されるが,製品の品目あるいは用途によっては,これらの基準のうち重金属等の項目のみが対象となっているところもある.また,21 道府県については含有量基準への適合についても規定している.

表4　リサイクル製品認定制度における環境安全性に関する品質基準

	判定基準※	試験方法	回答数（重複あり）	備考
溶出試験 道府県数：38	土壌環境基準 土壌溶出量基準	環告 46 号試験	22	基準の全項目を原則実施
		JIS K 0058-1 試験	1	
		環告 46 号試験	15	用途・品目によっては,判定基準のうち重金属等についてのみ実施
	環境安全品質基準（JIS A 5031,JIS A 5032）	JIS K 0058-1 試験	9	スラグ類を対象に実施
含有量試験 道府県数：21	含有量基準	環告 19 号試験	8	基準の全項目を原則実施
			8	用途・品目によっては実施
	環境安全品質基準（JIS A 5031,JIS A 5032）	JIS K 0058-2 試験	8	スラグ類を対象に実施

※：各判定基準については**表7**,**表8**参照.

1.3　循環資材の海域（港湾土木工事）における利用

(1)　海洋汚染等及び海上災害の防止に関する法律（昭和四十五年法律第百三十六号）

　同法では，廃棄物は「人が不要とした物（油及び有害液体物質等を除く）」と定めている．通知「海洋汚染防止法の施行について」（官安第 289 号　昭和 47 年 9 月 6 日）では，詳細が解説されており，例えば土砂類の場合，「投入される形態が外面上同様であっても，次のように廃棄物となる場合とならない場合がある．」とし，投入される物が「十分な管理の下に積極的に使用される場合」は廃棄物とならない．ただし，「投入される物の材質が社会通念上埋立材等として認められない場合は，廃棄物として排出されるものと認めるのが相当」としている．

　この解説に従えば，有効利用を目的とし，材料としての適正および管理方法等を明確にした循環資材は，同法で規定する廃棄物に該当しない．有害性の確認方法として次の検査方法と判定基準を用いる．

　　検査方法：海洋汚染及び海上災害の防止に関する法律施行令第五条第一項に規定する埋立場所等に排出しようとする廃棄物に含まれる金属等の検定方法（昭和 48 年 2 月環境庁告示第 14 号）
　　判定基準：海洋汚染等及び海上災害の防止に関する法律施行令第五条第一項に規定する埋立場所等に排出しようとする金属等を含む廃棄物に関わる判定基準を定める省令（昭和 48 年 2 月総理府令第 6 号）

　判定基準は「水底土砂に係る判定基準」による．浚渫した土砂（底質）を海面埋立または海洋投入する際の検査方法と判定基準として定められたものであるが，(2)以降に示すように，対象範囲を広げて準用される例がある．

(2) 浚渫土砂等の海洋投入及び有効利用に関する技術指針（改訂案）（国土交通省港湾局，2013）

　海域環境の保全・再生・創出に向けた浚渫土砂等の有効活用の促進を図るために策定された指針で，「浚渫土砂等」は浚渫土のほかに建設発生土と循環資材を含む．環境安全品質について，浚渫土と建設発生土では水底土砂に係る判定基準への適合を求めているが，循環資材については「一定の品質等を有し，適正に有価物として取り扱われるものに限定する」と記載されるにとどまり，具体的な記載はない．

(3) 海域における土砂類の有効利用に関する指針（環境省水・大気環境局，2018）

　海域に有効利用される土砂類が廃棄物に該当しないことを判断するための指針であり，「土砂類の有効利用」について次のように定義している．
「『人が占有の意思を放棄したと判断できない物であって，客観的に見て十分な管理の下で積極的に利用され，かつ材質が社会通念上埋立材等として認められる物』を海域において船舶から排出する行為」
　この指針における「土砂類の有効利用」に該当するための要件として，次の 2 点を挙げている．
　① 施工者側における十分な管理の下に積極的に材料等として利用される
　② 投入される物の材質が社会通念上，埋立材等として認められる
　後者に関して求められる材質の一つとして「水底土砂に係る判定基準」への適合を求めている．
　なお，環境省と国交省は，「海域における土砂類の有効利用に関する調査報告書」（環境省水・大気環境局，国土交通省港湾局，2018）において，海域における土砂類の有効利用に関わる国内事例の収集結果を公表している．この調査報告書には，藻場，干潟，浅場造成，深堀修復，底質改善，養浜等に関する 44 事例が収集

されているが，その内 35 事例で使用した土砂類の有害性の有無が確認されており，内 31 事例で「水底土砂に係る判定基準」を判定に用いていることが報告されている（その他 4 事例は，強熱減量，COD，油分等のみ確認）．なお，土砂類は，海域の浚渫土だけでなく，河川・ダムの浚渫土，陸上土砂，廃棄物由来の改質土等と浚渫土の混合土等も含まれる．

(4) 港湾・空港・海岸等における製鋼スラグ利用技術マニュアル（沿岸技術研究センター，2015）
　　港湾・空港・海岸等におけるカルシア改質土利用技術マニュアル（沿岸技術研究センター，2017）
　　浚渫土と転炉系製鋼スラグの混合材の海域利用のための技術マニュアル（案）（鉄鋼スラグ等の実海域適用に関する研究会，2017）

　鉄鋼スラグ製品の海域利用に関して，3 編の利用技術マニュアルが出されており，環境安全品質として溶出量と含有量が規定されている．

　溶出量については，JIS K 0058-1 の 5 で試験し，港湾用途用溶出量基準で判定する．また，含有量については，JIS K 0058-2 で試験し，含有量基準で判定を行う．なお，覆砂等して海底に露出しない状態で窪地埋立材，干潟・浅場基盤材として利用する場合には，昭和 48 年 2 月環境省告示第 14 号に定める溶出試験を行い「水底土砂に係る判定基準」に基づく判定を行っても良い．

(5) 港湾・空港等整備におけるリサイクルガイドライン（改訂）（国土交通省港湾局・航空局，2018）
　　1.2(2)に挙げたガイドラインで，循環資材を港湾工事に使用する際の環境安全品質を**表 5**に示す．

表 5　港湾・空港ガイドラインにおける循環資材の環境安全品質に関わる検査，判定基準（港湾工事）

工種	再利用が想定されない用途					その他
	裏込・裏埋工	本体工	基礎工	被覆・根固工	地盤改良工	
用途	裏込材，裏埋材	中詰材	捨石	被覆石	バーチカルドレーン材，サンドマット材，サンドコンパクションパイル材，深層混合処理固化材	藻場，浅場・干潟造成，覆砂，人工砂浜
溶出量試験	JIS K 0058-1 試験					
含有量試験	－					JIS K 0058-2 試験
環境安全品質基準	港湾用途溶出量基準※					
検査体系	各検査の責任者は製造者を基本とし，検査の頻度等を適切に設定					

注：港湾工事であっても，舗装工と土工に対しては一般土木工事における検査，判定基準（**表 2**）による．
※：**表 7** 参照

　裏込・裏埋工，本体工，基礎工および地盤改良工は，施工後は覆土等を行うため，人による直接摂取の可能性がなく，かつ掘り起こして再利用することは想定されない．また，被覆石は一個が十分な大きさを持つため，コンクリートブロックに準じた扱いとなる．したがって，利用有姿の溶出試験法である JIS K 0058-1 の 5 のみを実施し，港湾用途溶出量基準で判定する．一方，藻場，浅場・干潟造成，覆砂，人工砂浜は，直接摂取の可能性が否定できないことから，JIS K 0058-1 の 5 の他に JIS K 0058-2 を実施し，後者については含有量基準で判定する．なお，港湾工事であっても舗装工と土工（埋立を含む）については，陸域での利用となるため，一般土木工事における検査，判定基準（**表 2**）を準用する．

　その他，海中や底泥中で循環資材を利用する場合には，工事区域の海域の利用特性を考慮して工事中の監

視目標値を定め，その目標値を満足できるように配慮が必要としている．特に安定処理材料やコンクリート破砕物等の建設副産物および産業副産物等は総じて pH が高いため，留意が必要である．計画・設計段階で対策を含め十分な検討が必要として，次の基準への配慮を挙げている．

・「水質汚濁に係る環境基準」（水質：pH，ノルマルヘキサン抽出物質等）
・「水産用水基準（日本水産資源保護協会，2018）」（水質：SS・着色・油分等，底質：ノルマルヘキサン抽出物質・硫化物等）

(6) 石炭灰混合材料有効利用ガイドライン

1. 2(3) に挙げたガイドラインで，港湾における工事における石炭灰混合材料の環境安全品質を表6に示す．舗装工や再利用が想定されず，資材の露出の恐れもない土工，裏込工および地盤改良工では，放出先となる地下水は海水混じりとなるため，JIS K 0058-1 の 5 を行い，港湾用途溶出量基準で判定することを基本とする．一方，再利用が想定される土工および資材の露出の恐れのある土工は，「土」としての扱いとなるため，環告 18 号試験を行い，一般用途溶出量基準で溶出量の判定を行うとともに，環告 19 号試験と含有量基準により含有量についても判定を行う．

表6　石炭灰混合材料有効利用ガイドラインにおける環境安全品質（港湾工事）

	再利用が想定される用途		再利用が想定されない用途			
工種	舗装工	土工	土工		裏込工	地盤改良工
用途	路盤材，路床材，凍上抑制材，アスファルト舗装骨材	盛土材，覆土材，埋戻材（仮設構造物として施工される場合）	覆土材，盛土材，埋戻材（資材が露出する恐れのある場合）	盛土材，埋戻材（資材が露出する恐れのない場合）	裏込材	バーチカルドレーン材，サンドマット材，サンドコンパクションパイル材，深層混合処理固化材
溶出量試験	JIS K 0058-1 試験	環告 18 号試験	JIS K 0058-1 試験			
含有量試験	JIS K 0058-2 試験	環告 19 号試験	—			
環境安全品質基準	港湾用途溶出量基準※含有量基準※	一般用途溶出量基準※含有量基準※	港湾用途溶出量基準※			

※：各基準については表7，表8参照．

(7) 自治体のリサイクル製品認定基準

リサイクル製品認定制度を持つ地方自治体のうち，愛知県と広島県は海域におけるリサイクル製品の使用に関して環境安全品質を定めている．どちらも浚渫した土砂に準じた評価法を採用しており，昭和48年2月環告第 14 号に規定する溶出試験を行い，「水底土砂に係る判定基準」で適合性を判断することを規定している．

表7　関連基準（溶出量に関する基準）

項目	平成8年環境庁告示46号 土壌環境基準 (mg/L)	平成14年環境省令29号 溶出量基準 (mg/L)	環境安全品質基準 (JIS A 5031, JIS A 5032) 溶出量基準 (mg/L)	検討会総合報告書 港湾・空港ガイドライン 石炭灰混合材料有効利用ガイドライン 一般用途溶出量基準 (mg/L)	港湾用途溶出量基準 (mg/L)	昭和48年総理府令6号 水底土砂に係る判定基準 (mg/L)
四塩化炭素	0.002 以下	-	-	-	-	0.02 以下
クロロエチレン（塩化ビニル又は塩化ビニルモノマー）	0.002 以下	-	-	-	-	-
1,2-ジクロロエタン	0.004 以下	-	-	-	-	0.04 以下
1,1-ジクロロエチレン	0.1 以下	-	-	-	-	0.2 以下
シス-1,2-ジクロロエチレン	0.04 以下	-	-	-	-	0.4 以下
1,3-ジクロロプロペン	0.002 以下	-	-	-	-	0.02 以下
ジクロロメタン	0.02 以下	-	-	-	-	0.2 以下
テトラクロロエチレン	0.01 以下	-	-	-	-	0.1 以下
1,1,1-トリクロロエタン	1 以下	-	-	-	-	3 以下
1,1,2-トリクロロエタン	0.006 以下	-	-	-	-	0.06 以下
トリクロロエチレン	0.03 以下	-	-	-	-	0.3 以下
ベンゼン	0.01 以下	-	-	-	-	0.1 以下
カドミウム及びその化合物	0.01※2 以下		0.01 以下	0.01 以下 0.003※4 以下	0.03 以下 0.009※4 以下	0.1 以下
シアン化合物	検出されないこと		-	-	-	1 以下
鉛及びその化合物	0.01 以下		0.01 以下	0.01 以下	0.03 以下	0.1 以下
六価クロム化合物	0.05 以下		0.05 以下	0.05 以下	0.15 以下	0.5 以下
砒素及びその化合物	0.01 以下		0.01 以下	0.01 以下	0.03 以下	0.1 以下
水銀及びその化合物	0.0005 以下		0.0005 以下	0.0005 以下	0.0015 以下	0.005 以下
アルキル水銀	検出されないこと		-	-	-	検出されないこと
セレン及びその化合物	0.01 以下		0.01 以下	0.01 以下	0.03 以下	0.1 以下
ふっ素及びその化合物	0.8 以下		0.8 以下	0.8 以下	15 以下	15 以下
ほう素及びその化合物	1 以下		1 以下	1 以下	20 以下	-
シマジン	0.003 以下		-	-	-	0.03 以下
チオベンカルブ	0.02 以下		-	-	-	0.2 以下
チウラム	0.006 以下		-	-	-	0.06 以下
PCB	検出されないこと		-	-	-	0.003 以下
有機燐（りん）	検出されないこと		-	-	-	1 以下
ダイオキシン類※1	1000 pg-TEQ/g 以下	-	-			10 pg-TEQ/L 以下
銅	125mg/kg※3 以下	-	-	-	-	3 以下
1,4-ジオキサン	0.05 以下	-	-	-	-	0.5 以下
ベリリウム	-		-	-	-	2.5 以下
クロム	-		-	-	-	2 以下
ニッケル	-		-	-	-	1.2 以下
バナジウム	-		-	-	-	1.5 以下
亜鉛	-		-	-	-	2 以下
有機塩素化合物	-		-	-	-	40 mg/kg 以下

※1：ダイオキシン類：平成14年環境省告示46号
※2：かつ，農用地においては，米1kgにつき0.4mg以下であること．2021年4月より0.003mg/L以下に改正
※3：農用地（田に限る．）
※4：石炭灰混合材料有効利用ガイドラインにおける基準値

表 8　関連基準（含有量に関する基準）

項目	平成 14 年環境省令第 29 号	検討会総合報告書 港湾・空港ガイドライン 石炭灰混合材料有効利用ガイドライン 環境安全品質基準（JIS A 5031, JIS A 5032）
	土壌含有量基準(mg/kg)	含有量基準(mg/kg)
カドミウム及びその化合物	150　以下※	150　以下
シアン化合物	50　以下（遊離シアンとして）	50　以下（遊離シアンとして）
鉛及びその化合物	150　以下	150　以下
六価クロム化合物	250　以下	250　以下
砒素及びその化合物	150　以下	150　以下
水銀及びその化合物	15　以下	15　以下
セレン及びその化合物	150　以下	150　以下
ふっ素及びその化合物	4,000　以下	4,000　以下
ほう素及びその化合物	4,000　以下	4,000　以下

※2021 年 4 月よりカドミウム 45 mg/kg 以下に改正

2．利用実態に即した環境安全品質に関する基本的な考え方

2.1　背景・経緯

　循環資材を建設資材として積極的に利用していくためには，循環資材に対する信頼を将来にわたって確保するための仕組みが必要となる．特に循環資材には，環境安全性において配慮すべき化学物質を含むことがあるため，物理特性や力学特性に関する品質の管理だけでなく，環境安全性に配慮するための品質，すなわち環境安全品質の管理を着実に行うことが必要である．

　循環資材を地盤材料として利用する際，これまでは土壌の汚染に関わる環境基準や土壌汚染対策法の評価方法の援用により環境安全性の評価を行うことが多かった．しかし，地盤材料として利用される循環資材は，土砂状，砕石状，一体化した塊状等さまざまな形態がある．また，用途によって，土壌と混合して使う，土壌と区別した状態で使う，地下水を飲用しない場所で使う等，様々である．このように使われ方や環境が異なるにもかかわらず，循環資材の環境安全性を一つの検査法と判定基準で一律に評価することは，科学的な立場から適切ではない．

　上記の課題に対して，通知「土壌の汚染に係る環境基準についての一部改正について」（環水土第 44 号　平成 13 年 3 月 28 日）において，次の見解が示されている．

　「再利用物への土壌環境基準の適用については，（中略）（Ⅱ）道路用等の路盤材や土木用地地盤改良等として利用される場合には，再利用物自体は周辺土壌と区別できることから，これらには適用しない．（Ⅲ）肥料のように土壌と混ぜ合わせて使用する場合には，肥料を混合させた土壌には適用する．」

　さらに，「路盤材，土木用地盤改良材等の再利用物の安全性の評価については，土壌環境基準及びその測定方法の援用が行われているが，現状有姿や利用形態に応じた適切な評価が行われる必要があると考えており，貴都道府県等においてこのような援用が行われている場合には，現状有姿や利用形態に応じた適切な評価につき十分留意されるようお願いしたい．また，再利用物の利用の促進と安全性の確保の観点から，再利用物の利用実態に即したリサイクルガイドライン等が関係省庁により早急に策定される必要があると考えている．」

　この通知に対応するため，検討会総合報告書では，環境安全品質の基本的な考え方を提示している．なお，同報告書「2-2 基本的考え方」に示すように，「この考え方は，スラグ類に留まらず，スラグ類を含めたあら

ゆる循環資材に共通化できる環境安全品質とその検査方法を導入するためのもの」として提示されたものである.

2.2　基本的な考え方

　検討会総合報告書が提示する環境安全品質に関する基本的な考え方を**表 9**に示すとともに，以下に概説する.

表 9　循環資材の環境安全品質および検査方法に関する基本的考え方

(1) 最も配慮すべき暴露環境に基づく評価：　環境安全品質の評価は，対象とする循環資材の合理的に想定しうるライフサイクルの中で，環境安全性において最も配慮すべき暴露環境に基づいて行う.

(2) 放出経路に対応した試験項目：　溶出量や含有量などの試験項目は，(1)の暴露環境における化学物質の放出経路に対応させる.

(3) 利用形態を模擬した試験方法：　個々の試験は，試料調製を含め，(1)の暴露環境における利用形態を模擬した方法で行う.

(4) 環境基準等を遵守できる環境安全品質基準：　環境安全品質の基準設定項目と基準値は，周辺環境の環境基準や対策基準等を満足できるように設定する.

(5) 環境安全品質を保証するための合理的な検査体系：　試料採取から結果判定までの一連の検査は，環境安全品質基準への適合を確認するための「環境安全形式検査」と，環境安全品質を製造ロット単位で速やかに保証するための「環境安全受渡検査」とで構成し，それぞれ信頼できる主体が実施する.

（出典：経済産業省産業技術開発局，コンクリート用骨材又は道路用等のスラグ類に化学物質評価方法を導入する指針に関する検討会総合報告書, p.9, 2012 年 3 月）

(1) 最も配慮すべき暴露環境に基づく評価

　循環資材が備えるべき環境安全品質は，循環資材が置かれる暴露環境によって異なる. すなわち粒状や塊状のまま露出した状態で使用する場合と，コンクリート等によって成形固化して使用する環境では，前者の方がより高い環境安全品質が必要である. したがって，循環資材が出荷される前の段階であっても，その循環資材の利用，再利用，処分といったライフサイクルの中で最も危険な状態を基準として評価できれば，その循環資材のライフサイクルにおける環境安全品質を保証できる. このように，「最も配慮すべき暴露環境」の決定は基本的考え方の起点となるので，対象とする循環資材のライフサイクルを十分に調査検討し，慎重に決定しなければならない. ここで，極めて希な用途を「合理的に想定しうるライフサイクル」の範囲に含めることは，全体の利用が極端に阻害される恐れがあることから避けることが適当である. 環境影響が懸念される極めて希な用途は，使用禁止等の他の適切な管理を行うべきである.

　「最も配慮すべき暴露環境」の決定の仕方として，例えばコンクリート用骨材では次のようになる. コンクリート構造物はコンクリートとしての利用を終えると，破砕され，路盤材等の他の用途へ再利用される場合が多い. したがって最初のコンクリート構造物の状態と再利用後の様々な再利用の状態の中で，環境影響が最も大きいと判断される状態を「最も配慮すべき暴露環境」に決定することとする. 別の例として，循環資材が港湾のコンクリート構造物や高規格道路用盛土等のように再利用が想定されない用途の場合は，その用途自体を「最も配慮すべき暴露環境」とすることになる. また，利用場所や利用量等の情報管理が行われ

る場合は，利用後の撤去や再利用における環境安全品質の管理も着実になされるので，初回の用途を「最も配慮すべき暴露環境」とする．

　なお，コンクリート製品のように成形固化されたものの評価方法に対する考え方には，これまで，利用推進と環境安全品質確保の両面からの意見があった．利用推進の面からは，使用中の状態を考慮して成形体のままで評価すべきというものであり，環境安全品質確保の面からは，成形固化物であっても長期的な細粒化を前提として，土壌の溶出試験方法である環告46号試験に準じて2mm以下に粉砕して評価すべきというものである．しかしながら，前者は利用が終了した後に破砕されて再利用される可能性に対する評価が不十分である懸念が，また，後者は全て2mm以下に粉砕されることは過剰なものであり循環資材利用を過剰に阻害する懸念がそれぞれある．一方，「基本的考え方」では撤去後の再利用や処分も含めたライフサイクルを調査し，その中で環境影響が最も懸念され，最も配慮すべき状態に基づいて評価することとしており，両意見に対して合理的な回答を与えるものである．

(2) 放出経路に対応した試験項目

　環境安全品質として考慮すべき化学物質の放出経路には，主に，雨水や地下水との接触による溶出経路，および，粉じんの発生等による直接摂取経路があり，溶出量試験と含有量試験によって評価を行う．ここで，(1)で決定した「最も配慮すべき暴露環境」において，放出経路として想定されないものについては，その経路についての試験を実施する必要は無い．例えばコンクリート構造物の場合は溶出経路のみが想定されるので，溶出量試験のみを実施するのが適切である．一方，道路路盤の場合は粉じんの発生と雨水との接触の両方が想定されるので，溶出量試験と含有量試験の両方を実施するのが適切である．

(3) 利用形態を模擬した試験方法

　(1)で決定した「最も配慮すべき暴露環境」に基づく評価を行うために，試料調製では，他の材料との混合，成形固化，破砕，粒度調整等の実際に行われる加工や処理後の状態を模擬して調製した試料（「利用模擬試料」と呼ぶ）を用いるのが最も適切である．ただし，試料調製を効率的に行うために，循環資材単体での試験実施は妨げない．

　溶出量試験ならびに含有量試験の方法についても同様に，「最も配慮すべき暴露環境」を模擬した方法が適切である．現状では，それぞれJIS K0058-1の5（有姿撹拌試験）ならびにJIS K0058-2が適当である．なお，土壌と混合利用することによって周辺土壌と区別できない利用形態の場合は，土壌汚染対策法に基づく環告18号試験および環告19号試験を適用すべきである．

(4) 環境基準等を遵守できる環境安全品質基準

　カドミウムや鉛等の環境安全品質基準の項目は，溶出経路については周辺土壌や地下水，表流水，海水などの環境媒体の環境基準や対策基準（「環境基準等」という）の項目を，また，直接摂取経路については土壌汚染対策法の含有量基準の項目をそれぞれ基本とする．それらの中で，循環資材の使用原料や製造工程等，ならびに十分な試験データの蓄積に基づき基準値を超過する可能性が極めて低いと判断できる項目は省略できるものとする．

　各項目の基準値は，溶出経路については周辺土壌や地下水等の環境媒体が長期にわたってそれぞれの環境基準を遵守できるように設定し，直接摂取経路については，土壌汚染対策法の含有量基準を遵守できるよう

に設定するのが適切である．なお，土壌と混合利用すること等によって周辺土壌と区別できない利用形態の場合は，土壌汚染対策法の基準値と同等の値を設定すべきである．

(5) 環境安全品質を保証するための合理的な検査体系

　環境安全品質は (2) から(4) に基づく検査（「環境安全形式検査」という）によって保証するが，利用模擬試料の調製等には多くの時間と労力を要するため，製品検査により適した方法として，製品ロット単位で迅速な検査が可能な「環境安全受渡検査」を設定することとする．環境安全受渡検査は，環境安全形式検査に合格したものと同じ条件で製造された循環資材を単体で適用することを基本とし，環境安全形式検査に合格したものと同等の品質であることを保証する．これを行うために，環境安全受渡検査判定値を適切に設定する．また，それぞれの検査の信頼が保たれるように，検査の頻度や各検査の実施主体を適切に設定する．

2.3　石炭灰混合材料における環境安全品質

　「石炭灰混合材料有効利用ガイドライン（統合改訂版）」（石炭エネルギーセンター，2018）では，2.2 に示した 5 つの基本的な考え方に基づき，検査・判定方法を定めている．以下に概説する．

(1) 検査・判定法の考え方

　石炭灰混合材料を利用する際には，その製造から施工，利用を経て，利用終了後の再利用または処分も含めたすべてのライフサイクルの中で「最も配慮すべき暴露環境」を選定する．その際，考慮すべき項目の一つが表 10 に示す再利用の可能性である．例えば，盛土材や裏込材のように，施工後はほぼ永久的に利用され再利用が想定されない用途では，その用途における環境が「最も配慮すべき暴露環境」となる．また，仮設盛土や下層路盤材のように，利用後に撤去され，別の用途で再利用がなされることが想定される場合は，その用途と再利用用途とを比較し，石炭灰混合材料の露出状況や粉砕，摩耗の可能性等の観点から「最も配慮すべき暴露環境」を選定する．

表10　「最も配慮すべき暴露環境」選定の考え方

用途	「最も配慮すべき暴露環境」
再利用が想定されない用途（工事） 　例）盛土，裏込め	その用途（工事）
再利用が想定される用途（工事） 　例）仮設盛土，下層路盤	その用途（工事）と再利用用途を比較し選定する．

（出典：石炭エネルギーセンター，石炭灰混合材料有効利用ガイドライン（統合改訂版），p.98，石炭エネルギーセンター，2018 年 2 月）

　環境安全品質基準は，「最も配慮すべき暴露環境」において，石炭灰混合材料を取り囲む環境媒体（石炭灰混合材料と接する土壌や地下水等）が環境基準等を満足できるように規定する．試験方法は，「最も配慮すべき暴露環境」における重金属等の放出経路を踏まえて，溶出量試験と含有量試験の実施の有無を含めて規定する．より具体的には，土壌汚染対策法の適用可能性（もしくは土壌汚染対策法と同等の環境安全品質の必要性），直接摂取の可能性，および，溶出経路に基づき，図 1 のフローチャートに従い，表 11 に示す類型 A～E のいずれかを選定することとなる．試験に供する試料は，類型ごとに以下に示す「最も配慮すべき暴露環境」における状態を模擬したものを用いる．

類型 A と B：最初の用途の状態，すなわち粒状材であれば利用有姿のもの，塑性材とスラリー材の場合は直径 50 mm×高さ 100 mm のモールドに打設し 7〜28 日間封かん養生したもの

類型 C と D：再利用時の状態，すなわち路盤材利用を想定した粒度

類型 E：「土」としての利用状態，すなわち全量を 2 mm 以下に粉砕したもの

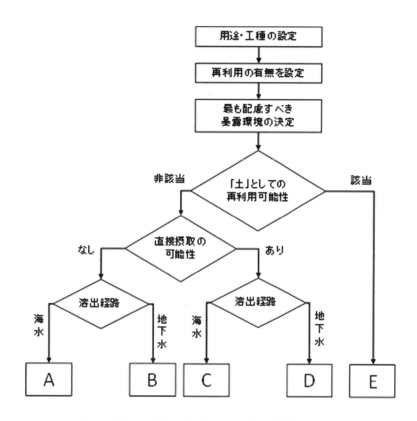

図 1　石炭灰混合材料の「最も配慮すべき暴露環境」の判断フローチャート

（出典：石炭エネルギーセンター，石炭灰混合材料有効利用ガイドライン（統合改訂版），p.98，石炭エネルギーセンター，2018 年 2 月）

表 11　石炭灰混合材料の試験方法と環境安全品質基準

類型						
記号	「土」としての利用	直接摂取可能性	溶出経路	試験項目	試験方法	環境安全品質基準
A	非該当	なし	海水	溶出量試験	JIS K 0058-1 試験	港湾用途溶出量基準
B	非該当	なし	地下水	溶出量試験	JIS K 0058-1 試験	一般用途溶出量基準
C	非該当	あり	海水	溶出量試験	JIS K 0058-1 試験	港湾用途溶出量基準
				含有量試験	JIS K 0058-2 試験	含有量基準
D	非該当	あり	地下水	溶出量試験	JIS K 0058-1 試験	一般用途溶出量基準
				含有量試験	JIS K 0058-2 試験	含有量基準
E	該当	あり	—	溶出量試験	環告 18 号試験	一般用途溶出量基準
				含有量試験	環告 19 号試験	含有量基準

（出典：石炭エネルギーセンター，石炭灰混合材料有効利用ガイドライン（統合改訂版），p.99，石炭エネルギーセンター，2018 年 2 月）

(2) 環境安全品質基準

　検討会総合報告書を参考に，**図 1** で分類した類型ごとに規定した環境安全品質基準を**表 11** に示す．ここ

で，石炭灰は石炭燃焼後の残渣であることから，評価対象物質は重金属等の無機物質に限定している．なお，**表 11** に示す一般用途溶出量基準は地下水の水質汚濁に関わる環境基準，含有量基準は土壌汚染対策法の指定基準と同等である．このため，カドミウムの一般用途溶出量基準は 0.003 mg/L 以下となっている．また，港湾用途溶出量基準の設定の考え方について，「石炭灰混合材料有効利用ガイドライン（統合改訂版）」（石炭エネルギーセンター，2018）から抜粋し，**表 12** に示す．

表 12　港湾用途溶出量基準の考え方

　本ガイドラインの適用範囲とする港湾施設の供用期間は数十年規模の長期的（半永久的）なものであり，かつ，自治体等の港湾施設管理者は，使用した石炭灰混合材料の検査記録や施工記録を残すこととしている．また，仮に撤去された場合，海水に長期間暴露され塩濃度が高い等の理由のために他の用途への再利用は難しいと考えられる．以上のことから，石炭灰混合材料のライフサイクルを通した環境への影響を検討するに際して「最も配慮すべき暴露環境」は，再利用を考慮しない港湾施設としての利用環境とした．

　このような港湾施設に使用される石炭灰混合材料が備えるべき環境安全品質基準の参考となる値として，日本工業標準調査会による「コンクリート用スラグ骨材に環境安全品質及びその検査方法を導入するための指針」における港湾用途の環境安全品質基準がある．この基準の適用の対象となる港湾用途とは，海水と接する環境で，かつ，再利用しない用途（岸壁，防波堤，砂防堤，護岸，堤防，突堤等が挙げられる）に限定したものである．このような設備からの直接摂取，あるいは周囲の地下水の飲用は考えられず，海水に対する影響を考慮する．港湾施設構造物の表面から海水への溶出による湾内の化学物質濃度上昇を計算した結果からは，この基準を満たす資材による濃度上昇への寄与はほとんど無視できるレベルであることが考察された．しかしながら，水産物への濃縮を介しての人への影響等の観点から科学的知見をさらに蓄積することの必要性を言及するとともに，港湾用途におけるコンクリート用スラグ骨材の当面の間の基準として環境安全品質基準（港湾用途溶出量基準と同等の値．ただし，地下水の水質汚濁に係る環境基準の基準値が改正されたカドミウムを除く．）が設定された．基準値は，海水による過大な希釈効果に期待せず，水底土砂基準や排水基準ではなく，より環境基準に近い値としてふっ素とほう素を除いて地下水の水質汚濁に係る環境基準の 3 倍が設定され，ふっ素とほう素については，海域でのバックグラウンド値が高く，水質環境基準が海域に対して適用されていないことも考慮して，地下水の水質汚濁に係る環境基準の 20 倍程度が設定されている．

　本ガイドラインで対象とする港湾施設用石炭灰混合材料は，港湾内を回流する海水に対してはコンクリート製の擁壁等の構造物等を介し，また，上部は舗装や覆土を行い露出させないように施工することとしている．このような点から，石炭灰混合材料はコンクリート用骨材よりも，港湾内の海水や地上部への影響は小さい利用法であると考えられる．しかしながら，生態系保全や科学的知見の蓄積必要性等の上記の観点を踏まえて，当面の基準として，コンクリート用骨材と同等レベルの基準として設定することとした．

　なお，コンクリート用骨材の指針においても，港湾用途以外に関しては，人体への直接摂取等の可能性を考慮して道路用骨材と同様に土壌環境基準と同値の基準の適用としており，このガイドラインにおいても資材を域外に持ち出す場合には，土壌環境基準の適用を検証することとしている．

（出典：石炭エネルギーセンター，石炭灰混合材料有効利用ガイドライン（統合改訂版），p.101，石炭エネルギーセンター，2018 年 2 月）

(3) 環境安全形式検査と環境安全受渡検査

　環境安全形式検査では，所定の方法で調製された石炭灰混合材料が，すべての検査項目について環境安全品質基準を満足することを検査する．

　また，環境安全受渡検査では，実際に施工または販売される予定の石炭灰混合材料が，環境安全品質基準に合格したものと同じ品質であることを確認するために，石炭灰混合材料に含まれる特に注目すべき重金属等に絞り込み，製造ロットごとに，必要と思われる基準項目について，環境安全品質基準を満足することを検査する．

付録Ⅳ　石炭灰混合材料の環境安全性と供用時の安定性に関する文献調査

1．石炭灰混合材料の溶出量・含有量調査

1.1 はじめに

　付録Ⅱに示したように，フライアッシュの性状は，燃料となる石炭の銘柄，ボイラの運転条件，電気集じん装置の設定温度等の影響を受けることが知られている．しかし，石炭灰混合材料にすることで，その性状のばらつきを一定の範囲に収束させることが可能である．本調査では，石炭灰混合材料を「路盤材利用」および「周辺土壌と区別なく利用」することを想定し，全国の主要な石炭火力発電所から提供された複数種類のフライアッシュを用いて石炭灰混合材料を作製し，溶出試験（環告 46 号試験，JIS K 0058-1 試験）および含有量試験（JIS K 0058-2 試験）を実施することで，石炭灰混合材料の環境安全性の確認を行った．

1.2 調査方法

(1) 供試体の作製

　国内 16 の石炭火力発電所から提供を受けた 20 種類のフライアッシュを使用して，供試体を作製した．配合条件を表1に示す．固化材には高炉セメントB種を使用し，添加率は，現在製造されている石炭灰混合材料の配合条件を参考に，最も低い水準である 10%を採用した．含水比は一律には設定せず，フライアッシュごとに JHS A 313 によるテーブルフロー値が 110 mm 前後になる含水比を求めて設定した．

表1　調査に使用した石炭灰混合材料の配合条件（質量比）

フライアッシュ	セメント（高炉セメント）	水
100	10	テーブルフロー値が 110 mm 前後になるように設定

　フライアッシュにセメント添加した後，十分にから練りした後に水を加え更に 10 分間練り混ぜを行った．その後，直径 5 cm×高さ 10 cm のプラモールドに 3 層に分けて振動打設し，キャッピングした後に室温下（概ね 25 度，湿度制御なし）で，28 日間封かん養生した．供試体は溶出試験の条件（利用有姿，または粉砕）に対応するために複数本作製した．

(2) 溶出試験，含有量試験

　28 日養生した供試体は，指針（案）**解説 表 4.2.9** における粒度調整 B および C にしたがって試料調製を行った．粒度調整 B の供試体は RC-40 相当の粒度分布に粗砕した後，JIS K 0058-1 試験を実施した．粒度調整 C の供試体については，全量を 2 mm 以下に破砕した後，環告 46 号試験と JIS K 0058-2 試験を実施した．溶出試験と含有量試験は，同じ条件で作製した供試体を用いて 2 回実施した．

1.3 結果

　環告 46 号試験，JIS K 0058-1 試験および JIS K 0058- 2 試験の結果をそれぞれ**表2～4**に示す．いずれの項目も基準に適合していることが確認された．溶出量（環告 46 号試験，JIS K 0058-1 試験）は，ほう素とふっ素を除けば，フライアッシュによらず定量下限値程度であり，十分に低い値であることが示された．また，含有量についても基準と比較して十分に低い値であることが示された．

　現在流通している石炭灰混合材料は，本調査に使用した石炭灰混合材料よりも固化材の添加量が多いもの

が多く，環境安全性に関わるリスクはさらに低いものと推測される.

表2　石炭灰混合材料の溶出試験結果例（環告 46 号試験）

項目		カドミウム	鉛	六価クロム	砒素	水銀	セレン	ふっ素	ほう素
土壌環境基準		0.01 以下	0.01 以下	0.05 以下	0.01 以下	0.0005 以下	0.01 以下	0.8 以下	1 以下
供試体名									
A	-1	< 0.0003	< 0.001	< 0.02	< 0.002	< 0.0005	< 0.002	0.30	0.6
	-2	< 0.0003	< 0.001	< 0.02	< 0.002	< 0.0005	< 0.002	0.30	0.6
B	-1	< 0.0003	< 0.001	< 0.02	< 0.002	< 0.0005	< 0.002	0.18	0.1
	-2	< 0.0003	< 0.001	< 0.02	< 0.002	< 0.0005	< 0.002	0.18	0.1
C	-1	< 0.0003	< 0.001	< 0.02	< 0.002	< 0.0005	< 0.002	0.26	0.1
	-2	< 0.0003	< 0.001	< 0.02	< 0.002	< 0.0005	< 0.002	0.26	0.1
D	-1	< 0.0003	< 0.001	< 0.02	< 0.002	< 0.0005	< 0.002	0.24	0.1
	-2	< 0.0003	< 0.001	< 0.02	< 0.002	< 0.0005	< 0.002	0.22	0.1
E	-1	< 0.0003	< 0.001	< 0.02	< 0.002	< 0.0005	< 0.002	0.26	< 0.1
	-2	< 0.0003	< 0.001	< 0.02	< 0.002	< 0.0005	< 0.002	0.26	< 0.1
F	-1	< 0.0003	< 0.001	< 0.02	< 0.002	< 0.0005	< 0.002	0.16	< 0.1
	-2	< 0.0003	< 0.001	< 0.02	< 0.002	< 0.0005	< 0.002	0.16	< 0.1
G	-1	< 0.0003	< 0.001	< 0.02	< 0.002	< 0.0005	< 0.002	0.23	< 0.1
	-2	< 0.0003	< 0.001	< 0.02	< 0.002	< 0.0005	< 0.002	0.24	< 0.1
H	-1	< 0.0003	< 0.001	< 0.02	< 0.002	< 0.0005	< 0.002	0.25	0.1
	-2	< 0.0003	< 0.001	< 0.02	< 0.002	< 0.0005	< 0.002	0.25	< 0.1
I	-1	< 0.0003	< 0.001	< 0.02	< 0.002	< 0.0005	< 0.002	0.30	< 0.1
	-2	< 0.0003	< 0.001	< 0.02	< 0.002	< 0.0005	< 0.002	0.31	< 0.1
J	-1	< 0.0003	0.001	< 0.02	< 0.002	< 0.0005	< 0.002	0.32	< 0.1
	-2	< 0.0003	0.001	< 0.02	< 0.002	< 0.0005	< 0.002	0.28	< 0.1
K	-1	< 0.0003	< 0.001	< 0.02	< 0.002	< 0.0005	< 0.002	0.46	0.1
	-2	< 0.0003	< 0.001	< 0.02	< 0.002	< 0.0005	< 0.002	0.44	0.1
L	-1	< 0.0003	< 0.001	< 0.02	< 0.002	< 0.0005	< 0.002	0.32	0.1
	-2	< 0.0003	< 0.001	< 0.02	< 0.002	< 0.0005	< 0.002	0.32	0.1
M	-1	< 0.0003	< 0.001	< 0.02	< 0.002	< 0.0005	< 0.002	0.30	0.1
	-2	< 0.0003	< 0.001	< 0.02	< 0.002	< 0.0005	< 0.002	0.30	0.1
N	-1	< 0.0003	0.001	< 0.02	< 0.002	< 0.0005	< 0.002	0.35	< 0.1
	-2	< 0.0003	0.001	< 0.02	< 0.002	< 0.0005	< 0.002	0.34	< 0.1
O	-1	< 0.0003	0.001	< 0.02	< 0.002	< 0.0005	< 0.002	0.37	< 0.1
	-2	< 0.0003	0.001	< 0.02	< 0.002	< 0.0005	< 0.002	0.37	< 0.1
P	-1	< 0.0003	< 0.001	< 0.02	< 0.002	< 0.0005	< 0.002	0.33	0.2
	-2	< 0.0003	< 0.001	< 0.02	< 0.002	< 0.0005	< 0.002	0.35	0.2
Q	-1	< 0.0003	< 0.001	< 0.02	< 0.002	< 0.0005	< 0.002	0.29	0.2
	-2	< 0.0003	< 0.001	< 0.02	< 0.002	< 0.0005	< 0.002	0.33	0.2
R	-1	< 0.0003	< 0.001	< 0.02	0.002	< 0.0005	< 0.002	0.31	0.2
	-2	< 0.0003	< 0.001	< 0.02	0.002	< 0.0005	< 0.002	0.32	0.2
S	-1	< 0.0003	< 0.001	< 0.02	< 0.002	< 0.0005	< 0.002	0.29	< 0.1
	-2	< 0.0003	< 0.001	< 0.02	< 0.002	< 0.0005	< 0.002	0.28	< 0.1
T	-1	< 0.0003	< 0.001	< 0.02	< 0.002	< 0.0005	< 0.002	0.39	0.1
	-2	< 0.0003	< 0.001	< 0.02	< 0.002	< 0.0005	< 0.002	0.42	< 0.1

単位（mg/L）

表3　石炭灰混合材料の溶出試験結果例（JIS K 0058-1 試験）

項目		カドミウム	鉛	六価クロム	砒素	水銀	セレン	ふっ素	ほう素
一般用途 溶出量基準		0.003 以下	0.01 以下	0.05 以下	0.01 以下	0.0005 以下	0.01 以下	0.8 以下	1 以下
港湾用途 溶出量基準		0.009 以下	0.03 以下	0.15 以下	0.03 以下	0.0015 以下	0.03 以下	15 以下	20 以下
供試体名									
A	-1	< 0.0003	< 0.001	< 0.02	< 0.002	< 0.0005	< 0.002	0.18	0.4
	-2	< 0.0003	< 0.001	< 0.02	< 0.002	< 0.0005	< 0.002	0.18	0.4
B	-1	< 0.0003	< 0.001	< 0.02	< 0.002	< 0.0005	< 0.002	0.18	0.1
	-2	< 0.0003	< 0.001	< 0.02	< 0.002	< 0.0005	< 0.002	0.18	0.1
C	-1	< 0.0003	< 0.001	< 0.02	< 0.002	< 0.0005	< 0.002	0.22	0.1
	-2	< 0.0003	< 0.001	< 0.02	< 0.002	< 0.0005	< 0.002	0.22	0.1
D	-1	< 0.0003	< 0.001	< 0.02	< 0.002	< 0.0005	< 0.002	0.19	0.1
	-2	< 0.0003	< 0.001	< 0.02	< 0.002	< 0.0005	< 0.002	0.19	0.1
E	-1	< 0.0003	< 0.001	< 0.02	< 0.002	< 0.0005	< 0.002	0.21	0.1
	-2	< 0.0003	< 0.001	< 0.02	< 0.002	< 0.0005	< 0.002	0.22	0.1
F	-1	< 0.0003	< 0.001	< 0.02	< 0.002	< 0.0005	< 0.002	0.17	0.1
	-2	< 0.0003	< 0.001	< 0.02	< 0.002	< 0.0005	< 0.002	0.17	0.1
G	-1	< 0.0003	< 0.001	< 0.02	< 0.002	< 0.0005	< 0.002	0.15	< 0.1
	-2	< 0.0003	< 0.001	< 0.02	< 0.002	< 0.0005	< 0.002	0.15	< 0.1
H	-1	< 0.0003	< 0.001	< 0.02	< 0.002	< 0.0005	< 0.002	0.16	0.1
	-2	< 0.0003	< 0.001	< 0.02	< 0.002	< 0.0005	< 0.002	0.15	0.1
I	-1	< 0.0003	< 0.001	< 0.02	< 0.002	< 0.0005	< 0.002	0.24	< 0.1
	-2	< 0.0003	< 0.001	< 0.02	< 0.002	< 0.0005	< 0.002	0.24	< 0.1
J	-1	< 0.0003	< 0.001	< 0.02	< 0.002	< 0.0005	< 0.002	0.27	< 0.1
	-2	< 0.0003	< 0.001	< 0.02	< 0.002	< 0.0005	< 0.002	0.27	< 0.1
K	-1	< 0.0003	< 0.001	< 0.02	< 0.002	< 0.0005	< 0.002	0.31	0.1
	-2	< 0.0003	< 0.001	< 0.02	< 0.002	< 0.0005	< 0.002	0.31	0.2
L	-1	< 0.0003	< 0.001	< 0.02	< 0.002	< 0.0005	< 0.002	0.22	0.1
	-2	< 0.0003	< 0.001	< 0.02	< 0.002	< 0.0005	< 0.002	0.21	0.1
M	-1	< 0.0003	< 0.001	< 0.02	< 0.002	< 0.0005	< 0.002	0.17	0.1
	-2	< 0.0003	< 0.001	< 0.02	< 0.002	< 0.0005	< 0.002	0.18	0.1
N	-1	< 0.0003	< 0.001	< 0.02	< 0.002	< 0.0005	< 0.002	0.28	< 0.1
	-2	< 0.0003	< 0.001	< 0.02	< 0.002	< 0.0005	< 0.002	0.28	< 0.1
O	-1	< 0.0003	< 0.001	< 0.02	< 0.002	< 0.0005	< 0.002	0.22	< 0.1
	-2	< 0.0003	< 0.001	< 0.02	< 0.002	< 0.0005	< 0.002	0.22	< 0.1
P	-1	< 0.0003	< 0.001	< 0.02	< 0.002	< 0.0005	< 0.002	0.22	0.3
	-2	< 0.0003	< 0.001	< 0.02	< 0.002	< 0.0005	< 0.002	0.24	0.3
Q	-1	< 0.0003	< 0.001	< 0.02	< 0.002	< 0.0005	< 0.002	0.28	0.2
	-2	< 0.0003	< 0.001	< 0.02	< 0.002	< 0.0005	< 0.002	0.28	0.2
R	-1	< 0.0003	< 0.001	< 0.02	< 0.002	< 0.0005	< 0.002	0.15	0.1
	-2	< 0.0003	< 0.001	< 0.02	< 0.002	< 0.0005	< 0.002	0.15	0.1
S	-1	< 0.0003	< 0.001	< 0.02	< 0.002	< 0.0005	< 0.002	0.25	< 0.1
	-2	< 0.0003	< 0.001	< 0.02	< 0.002	< 0.0005	< 0.002	0.25	< 0.1
T	-1	< 0.0003	< 0.001	< 0.02	< 0.002	< 0.0005	< 0.002	0.28	0.1
	-2	< 0.0003	< 0.001	< 0.02	< 0.002	< 0.0005	< 0.002	0.30	0.1

単位（mg/L）

表 4　石炭灰混合材料の含有量試験結果例（JIS K 0058-2 試験）

項目		カドミウム	鉛	六価クロム	砒素	水銀	セレン	ふっ素	ほう素
含有量基準		150 以下	150 以下	250 以下	150 以下	15 以下	150 以下	4000 以下	4000 以下
供試体名									
A	-1	< 0.4	5	< 0.6	6.8	< 0.2	< 0.1	100	170
A	-2	< 0.4	5	< 0.6	6.8	< 0.2	< 0.1	85	170
B	-1	< 0.4	5	< 0.6	17	< 0.2	< 0.1	75	250
B	-2	< 0.4	5	< 0.6	17	< 0.2	< 0.1	60	240
C	-1	< 0.4	5	< 0.6	9.9	< 0.2	< 0.1	67	170
C	-2	< 0.4	5	< 0.6	9.8	< 0.2	< 0.1	61	170
D	-1	< 0.4	6	< 0.6	5.8	< 0.2	< 0.1	68	86
D	-2	< 0.4	6	< 0.6	5.8	< 0.2	< 0.1	60	87
E	-1	< 0.4	4	< 0.6	11	< 0.2	< 0.1	72	190
E	-2	< 0.4	4	< 0.6	11	< 0.2	< 0.1	76	190
F	-1	< 0.4	5	< 0.6	9.5	< 0.2	< 0.1	46	74
F	-2	< 0.4	5	< 0.6	9.5	< 0.2	< 0.1	48	74
G	-1	< 0.4	11	< 0.6	11	< 0.2	< 0.1	53	36
G	-2	< 0.4	11	< 0.6	11	< 0.2	< 0.1	43	37
H	-1	< 0.4	7	< 0.6	12	< 0.2	< 0.1	64	96
H	-2	< 0.4	7	< 0.6	12	< 0.2	< 0.1	39	98
I	-1	< 0.4	6	< 0.6	18	< 0.2	< 0.1	70	110
I	-2	< 0.4	6	< 0.6	18	< 0.2	< 0.1	79	110
J	-1	< 0.4	6	< 0.6	7.6	< 0.2	< 0.1	120	64
J	-2	< 0.4	6	< 0.6	7.5	< 0.2	< 0.1	110	63
K	-1	< 0.4	6	< 0.6	35	< 0.2	< 0.1	140	500
K	-2	< 0.4	6	< 0.6	35	< 0.2	< 0.1	130	490
L	-1	< 0.4	10	< 0.6	8.3	< 0.2	< 0.1	120	87
L	-2	< 0.4	10	< 0.6	8.2	< 0.2	< 0.1	130	87
M	-1	< 0.4	9	< 0.6	7.9	< 0.2	< 0.1	110	96
M	-2	< 0.4	9	< 0.6	7.8	< 0.2	< 0.1	110	93
N	-1	< 0.4	11	< 0.6	22	< 0.2	< 0.1	210	540
N	-2	< 0.4	11	< 0.6	22	< 0.2	< 0.1	220	540
O	-1	< 0.4	9	< 0.6	24	< 0.2	< 0.1	300	520
O	-2	< 0.4	9	< 0.6	24	< 0.2	< 0.1	310	510
P	-1	< 0.4	7	< 0.6	14	< 0.2	< 0.1	130	280
P	-2	< 0.4	7	< 0.6	14	< 0.2	< 0.1	120	300
Q	-1	< 0.4	8	< 0.6	14	< 0.2	< 0.1	120	190
Q	-2	< 0.4	8	< 0.6	15	< 0.2	< 0.1	120	190
R	-1	< 0.4	7	< 0.6	21	< 0.2	< 0.1	110	120
R	-2	< 0.4	7	< 0.6	22	< 0.2	< 0.1	100	120
S	-1	< 0.4	6	< 0.6	13	< 0.2	< 0.1	97	110
S	-2	< 0.4	6	< 0.6	12	< 0.2	< 0.1	81	110
T	-1	< 0.4	6	< 0.6	15	< 0.2	< 0.1	100	140
T	-2	< 0.4	6	< 0.6	15	< 0.2	< 0.1	99	140

単位（mg/kg）

２．石炭灰混合材料の供用時の安定性に関する文献調査

2.1　はじめに

　地盤材料として利用される循環資材は，必要とされる物理特性，力学特性および環境安全性を満たしたものである．供用時の循環資材は，構造物としての役割を果たす際に作用する応力や振動の繰り返し，浸透水や大気・土壌ガスとの接触といった外的要因により，物理的かつ化学的に変化しうるが，供用される期間を通してその構造や機能を保持することが求められる．ここでは，循環資材に求められる安定性についての定義を確認すると共に，国内における石炭灰混合材料の安定性の評価事例を文献調査し，その方法や評価項目について網羅的に整理を行った．

2.2　循環資材の安定性の定義

　循環資材における長期的な安定性についての定義は，これまで具体的に定められたものがなかったが，地盤工学会の「社会実装に向けた新しい地盤環境管理と基準に関する研究委員会」（2015〜2018 年度）では，「用途ごとで，想定される外的要因（劣化因子）に対し，材料が求められる期間において必要な品質が許容範囲内に保たれる性質」を材料の「長期安定性」と定義している[1),2)]．長期安定性には，物理特性・力学的特性と環境安全性の側面があり，事業ごとに必要に応じて，天然材料と同等または準ずる考え方で評価が行われることがある．しかしながら，循環資材の長期安定性に関しては，近来より議論されるようになった問題であるため，その評価手法に関する知見の蓄積量は必ずしも多くはない．

2.3　石炭灰混合材料の評価事例

　石炭灰混合材料における長期安定性の評価事例では，物理特性および力学特性に関するものが主要であるが，近年では環境安全性に関する事例も増えつつある．石炭灰混合材料は，形態により異なる工学的特徴を有し，利用用途も様々であるため，安定性についての評価項目も多岐にわたる．そのため，材料の構造や曝される外的要因などによりケースバイケースで評価手法が選択されているのが実状である．また，これらの評価手法は，アプローチ方法により，検討に要する時間や試験規模が異なっている．下記には，石炭灰混合材料の長期安定性を評価した事例をアプローチ方法の違いにより整理した．石炭灰混合材料の利用に際し，なんらかの長期安定性の評価が必要な場合は，これらの評価事例を参考とされたい．

(1)　再現試験や現場調査による実時間スケールでの評価

a)　概要

　実際の施工現場もしくはその環境を意識した再現試験を通して，地盤内での時間経過により生じる材料品質の変化や周辺環境への影響を実測する事例がこれに該当する．最も現場に即した評価が可能である反面，結果を得るには相当規模の敷地と時間を要する．そのため，別途作成もしくは現場採取した供試体を現場と近い環境条件で長期間養生することで材料品質の変化を測定するラボスケールでのアプローチが実施されるケースも多い．粒状材を対象に再現試験や現場調査によって長期安定性を評価した国内事例を**表 5** に，塑性材・スラリー材を対象とした国内事例を**表 6** にそれぞれまとめた．2000 年代より，材の形態によらず，数 mから数十 m 規模での調査・試験が行われ，知見が蓄積されつつある．検討期間については，1〜4 年程度が多

く，少数ではあるが 10 年以上の検討例も存在する．

b) 物理特性・力学特性の変化に関する評価事例

　石炭灰とセメントの水和反応では，特にポゾラン反応による長期的な強度増進が期待できる．セメント添加率 10%程度の石炭灰混合材料においても，材料内でのモノサルフェートや C-S-H などの水和物の成長により細孔構造が緻密化することで，材料の力学強度だけではなく，成分の溶出速度にも影響することが示唆されている [19]．粒状材，塑性材，スラリー材のいずれにおいても，実地盤からの採取された供試体を用いた一軸圧縮試験により，材の強度増加が長期間継続することが確認されている．例えば，橋脚の中詰材として使用されたスラリー材を切出し，封かん状態で 20 年間にわたり養生した事例では，ほとんどの試料で 10 年経過まで強度増加が認められ，一部試料では 15 年経過しても 7000 kN/m^2 以上まで強度増加していたことが報告されている [7),15),16)]．粒状材に対する検討では，路盤材や盛土材としての利用を想定するケースが多く，CBR 試験や平板載荷試験等による地盤支持力の測定が行われており，8 年以上経過しても路盤材等に必要な品質が維持されていることが報告されている [3),7)]．塑性材およびスラリー材における検討では，長期的な透水係数の推移も調査されており，いずれの評価事例でも固化後の透水係数の増大は認められていない [14),18)]．

c) 化学性の変化と周辺環境への影響に関する評価事例

　表 5 および表 6 にまとめた事例では，試験期間を経過した石炭灰混合材料からの重金属等の溶出量を環告 46 号試験や JIS K 0058-1 試験などにより測定する，もしくは試験期間中に周辺の土壌や表層水，地下水について分析を行う等のアプローチにより，環境安全性に関する安定性を評価している．特に，長期にわたる評価事例として，塑性材の試験盛土において周辺地下水の水質を 14 年間にわたり調査している事例があり，試験期間を通して，その水質は地下水環境基準を満たしていたことが確認されている [11),12)]．その他の事例でも，周辺土壌や表層水，地下水で環境基準を上回る重金属等の濃度は確認されておらず，pH に関しても，土壌の緩衝能が作用することで中性に維持されていたことが確認されている．他方，石炭灰混合材料が地表面に露出し，大気と直接接触する条件での検討では，大気との接触面近傍で炭酸化反応が進行することで，材料が中性化し，ほう素の溶出性がやや増加した結果が報告されている [14)]．しかし，同報告では石炭灰混合材料を覆土することで炭酸化・中性化の進行を抑制できることも確認されており，石炭灰混合材料の環境安全性を維持するためには，覆土等により大気との接触を極力抑えることが望ましいと考えられる．また，粒状材には，海域における覆砂材等利用に関する検討事例があり，施工から 3 年以上経過しても，硫化水素や栄養塩濃度の低減効果等の環境修復機能が持続していることが報告されている [8)]．

表5　粒状材に対して再現試験や現場調査により長期安定性を評価した国内事例

石炭灰混合材料の形態 / 種別	想定用途	検討内容	試験・施工スケール	試験・モニタリング期間	原位置試料の物性・力学特性の評価	原位置試料の化学性・環境安全性の評価	周辺環境への影響の評価	参考文献
粒状材(破砕材)	路盤材	試験施工	・面積:456(m²)・深さ:0.4(m)	・8.5年	・一軸圧縮試験・ひび割れ率、たわみ量等の測定・等値換算係数の推定 他	—	—	3) 三浦ら (1996)
	盛土材	試験施工	・長さ×幅×高さ:23.6×9.6×1.2(m)	・1年	・一軸圧縮試験	—	—	4) 前川ら (2004)
粒状材(造粒材)	盛土材	試験施工	・長さ×幅×高さ:8×8×1.5(m)・長さ×幅×高さ:20×20×3(m)	・最長2年・施工条件が異なる3ケース実施	・現場CBR試験・平板載荷試験 他	・46号試験	・直上表層水のpH測定・直下および周辺の帯水層のpH測定	5)宇野ら (2003) 6)大中ら (2006)
	盛土材	試験施工	・長さ×幅×高さ:6×10×2(m)	・8年	・スウェーデン式サウンディング試験	・46号試験・19号試験	—	7) 佐藤ら (2013)
	覆砂材(海域)	現場調査	・面積:60,000(m²)	・2.7年	—	・底質調査	・周辺域の水質調査・底生生物調査	8) 玉井ら (2013)
	覆砂材(海域)	現場調査	・記載なし	・3年経過, 13年経過のサイトにて試料採取	・一軸圧縮試験	・タンクリーチング試験(Si, Ca)・XRD測定・EPMA分析	—	9) 中本ら (2016)

表6　塑性材とスラリー材に対して再現試験や現場調査により長期安定性を評価した国内事例

石炭灰混合材料の形態 種別	想定用途	試験条件 検討内容	試験・施工スケール	試験・モニタリング期間	検査項目 原位置試料の物性・力学特性の評価	原位置試料の化学性・環境安全性の評価	周辺環境への影響の評価	参考文献
塑性材	路盤材	試験施工	・幅×深さ：72×0.8(m)	・48か月（4年）	・一軸圧縮試験 ・平板載荷試験 ・路盤内温度の測定	—	・周辺帯水層の pH 測定	10) 椎島ら (2003)
	盛土材	試験施工	・面積 1,100(m²) ・工事容積：13,000(m³)	・168か月（14年）	—	—	・排水と沈砂池の水質分析 ・周辺帯水層の水質分析 ・周辺土壌の 46 号試験	11) 尾脇ら (2007) 12) 苓北町 (2019)
	盛土材（宅地）	長期養生試験	・供試体の直径×高さ：5×10(cm)	・12か月（1年）	・一軸圧縮試験	・JISK0058-1 試験	—	13) 長ら (2010)
	盛土材（宅地）	現場調査	・面積 9,931(m²) ・工事容積：約 60,000(m³)	・12か月（1年）			・沈砂池の水質分析 ・周辺土壌の 46 号試験	
	盛土材（防潮堤）	長期養生試験	・供試体の直径×高さ：5×10(cm)	・12か月（1年）	—	・JISK0058-1 試験	—	14) 田島ら (2015)
		屋外曝露試験	・長さ×幅×高さ：1.8×0.5×0.5(m)	・12か月（1年） ・覆土の有無で2ケース実施	・一軸圧縮試験 ・透水試験 他	・JISK0058-1 試験 ・中性化深さ試験 ・XRD 測定	・接触雨水の水質分析	
		試験施工	・長さ×幅×高さ：39×14×3.5(m)	・18か月（1.5年）	・一軸圧縮試験 ・透水試験 他	・JISK0058-1 試験	・周辺帯水層の水質分析	
スラリー材	中詰材（橋脚）	長期養生試験	・直径×深さ：67×12(m) ・工事容積：100,000(m³) ・供試体の直径×高さ：5×10(cm)	・原位置 24 か月（2年）＋封かん 240 か月（20年）	・一軸圧縮試験	・46 号試験 ・19 号試験	—	7) 佐藤ら (2013) 15) 川口ら (1999) 16) 川口ら (2005)
	盛土材	屋外曝露試験	・供試体の直径×高さ：5×10(cm) ・供試体埋設槽の長さ×幅×高さ：1.2×0.9×0.5(m)	・12か月（1年） ・大気中と土壌中の 2 ケースの暴露条件で実施	・一軸圧縮試験	・46 号試験 ・19 号試験	—	17) 藤川ら (2014)
	遮水材	長期養生試験	・供試体の直径×高さ：5×10(cm)	・19 か月（1.6 年） ・30 か月（2.5 年）	・一軸圧縮試験 ・透水試験 ・三軸試験 他	—	—	18) 和田ら (2016)

＊：施工後 2 年後に採取したコアサンプルを恒温恒湿条件で養生した。

(2)　材料が受ける外的要因の加速試験による評価

a)　概要

　利用環境下で想定される外的要因を促進させて材料に与えることで，材料品質が変化するポテンシャルを評価する事例がこれに該当する．ラボスケールの試験で短期間に評価することが可能であり，簡易的かつ定性的に長期安定性を把握する手法として用いられている．循環資材の長期安定性に影響すると考えられる外的要因は，力学作用の他，浸透水の接触，pH 変化，乾燥と湿潤，酸化還元状態の変化，凍結融解等，様々である [2]．評価の際には，利用環境や材料特性を考慮し，影響が大きいと思われる外的要因を抽出し，それに対応した試験を選択する．**表 7** には石炭灰混合材料の物理特性と力学特性，**表 8** には化学性と環境安全性に関する長期安定性を加速試験で評価した国内事例をそれぞれ示した．いくつかの外的要因に関しては，加速試験方法が規格化されているものもあり，同じ外的要因に対しても複数の試験規格が存在する場合がある．例えば，乾湿繰返しによる試料の細粒化（スレーキング）への耐久性を評価する場合は，「JGS 2124 岩石のスレーキング試験」，「JGS 2125 岩石の促進スレーキング試験」，「JHS 110 岩のスレーキング率試験 」，「ASTM D-4843 Standard Test Method for Wetting and Drying Test of Solid Wastes」等が挙げられる．これら規格化されている加速試験についても，目的や対象とする材料，試験条件等が異なるため，利用用途を鑑みて適切な試験法を選択し，必要に応じて条件の調整も検討することが望ましい．さらに，特定の外的要因に対しては，加速試験により材料品質の変化速度等のパラメータを推定し，それらを用いたモデル式に基づき数値計算することで，将来的な挙動をシミュレーションすることも可能である．石炭灰混合材料の利用における数値計算的なアプローチは，研究段階のものが多く，現状では実際の現場での実用例は報告されていない．(1)の手法では確認することが困難な数十年以上後の物理特性，力学特性および環境安全性の変化を予測することも可能であるため，今後の汎用的な手法の確立と実用化が期待される．

b)　物理特性・力学特性についての評価事例

　石炭灰混合材料は，石炭灰粒子とセメント水和物の集合体であるため，路盤材や盛土材としての利用では，すりへり減量やスレーキング率などの品質基準を求められる場合があるが，これらを評価する試験も安定性を評価する加速試験の一種といえる．乾湿繰返しによるスレーキングに関しては特に評価事例が多かったが，その中では JHS 110 試験により評価される例が多かった．配合による違いもあるが，本手法で評価された粒状材のスレーキング率は 0.5-8.8%の範囲で報告されており [20],[21],[24]，30%を下回ることから盛土材としての使用には問題ない水準であった．スラリー材の場合は，直径 5 cm×高さ 10 cm 供試体において ASTM D-4843 試験と土壌中に供試体を 1 年間埋設した屋外暴露試験を実施し，試験過程での供試体の寸法・外観や一軸圧縮強さの変化を比較した事例がある [17]．この報告では，ASTM D-4843 試験での乾湿繰返しを経る中で，供試体にはクラックや一部欠落が生じ，一軸圧縮強さの低下も認められたが，覆土した条件での屋外暴露試験では，外観・強度ともに維持されていることが報告されている．また同試験結果から，石炭灰混合材料の乾湿繰返しによる力学強度の変化においては，時間経過に伴う強度増加と，スレーキングやポーラス化に伴う強度低下が同時に生じており，両メカニズムを考慮したモデル式により強度変化を予測できる可能性が示唆されている [17],[27]．

　また，寒冷地における排水材や凍上抑制材での使用を想定した凍上試験や凍結融解試験による評価事例も複数件報告されている．これらの事例では JHS 112 試験等で評価が行われており，粒状材に関してはいずれも非凍上性の材料と判断されている．また，粒状材のうち破砕材タイプのものに関しては融解後も試験前の 9 割の CBR 値を維持していたことが確認されている [20]．凍結融解の繰返しを与える試験では，JIS A 1148 試

験等が参考にされている．同試験法で 100 サイクルの凍結融解を経た粒状材については，粒子の細粒化が認められるものの，非凍上性を維持していることが報告されている [20]．さらに，塑性材の路盤材利用を想定したケースでは，凍結融解試験を経た供試体と，試験施工された路盤から 4 年間にわたり採取された供試体を用いて比較を行った事例がある [10]．同報告では，凍結融解を 100 サイクル経る間に，供試体の一軸圧縮強さと相対動弾性係数の低下が認められているが，試験施工された路盤から採取された供試体は，施工後 4 年間にわたって一軸圧縮強さが増加する傾向を示していたことが報告されている．

c) 化学性，環境安全性についての評価事例

　表 8 にまとめた加速試験による環境安全性に関わる長期安定性の評価事例では，浸透水との接触の条件を促進させるカラム通水試験やタンクリーチング試験での検討が多かった．とりわけ，塑性材やスラリー材よりも透水性が高く，比表面積が大きい粒状材では，ISO 21268-3 や EN 14405 を参考に，15 cm/day の通水線速度で上向流飽和式のカラム通水試験が実施されるケースが多かった．カラム通水試験では，試料に浸透した水量に対する溶出物質の濃度変化を把握することができるため，溶出物質の周辺環境への移行濃度を数値計算する際の流入プロファイルとして利用されるケースがある [33],[35],[36]．ただし，これらのカラム通水試験では，試料の粒径を 4 mm 程度に調整し，試験することが一般的である．石炭灰混合材料に接触した浸透水の重金属等の濃度は，試料の粒径や比表面積に依存するため [31]，例えば RC-40 相当の路盤材としての利用などのケースでは，カラム通水試験による評価と実環境での挙動が乖離する可能性もあるため注意が必要である．

　カラム通水試験やタンクリーチング試験の適用例では，重金属等の溶出濃度以外にも pH 変化に着目するものが多く，一部では pH を酸性に調整した溶媒を使用し試験する事例も報告されている [34]．pH による重金属等の溶出性の変化や溶出可能量を評価する試験として，GEPC・TS-02-S1 試験，ISO/TS 21268-4 試験，CEN/TS 14429 試験等が挙げられる．石炭灰混合材料に対して適用した事例は少ないが，塑性材の有姿試料を pH4〜12 までの溶液と接触させた事例では，いずれの条件においても溶出濃度が土壌環境基準以下の濃度となったことが報告されている [11]．

　また，本来は乾湿繰返しによるスレーキング率を把握する ASTM D-4843 試験を用いて，スラリー材の供試体を対象に，ほう素をはじめとした重金属等の溶出濃度の推移を測定した事例がある [17],[39]．この事例では，試験の湿潤過程の浸漬溶液に純水だけでなく模擬酸性雨や硫酸ナトリウム溶液も使用し，浸漬後の溶液を分析することで溶出可能量を評価している．純水での検討では，乾湿 15 サイクルを経ても試料の pH は 9〜10 を維持していたが，模擬酸性雨での検討では，乾湿 10 サイクル以降で試料の pH が 8 以下となり，15 サイクルを経るまでの浸漬液中のほう素の累積溶出量が純水での検討と比べ増大したことが報告されている．前述の塑性材を用いた屋外暴露試験でも同様な現象が確認されていることから [14]，石炭灰混合材料を表層利用し，乾湿繰返しによる影響が予測されるケースでは，スレーキング率や力学強度の変化のみならず，環境安全性に関しての安定性にも注意すべきである．

表 7　石炭灰混合材料の物理特性と力学特性に関する供用時の安定性を加速試験で評価した国内事例

石炭灰混合材料の形態			試験条件				参考文献
種別	想定用途	供試試料の形態	加速試験	着目する外的要因	測定項目	参考試験規格もしくは試験条件	
粒状材（破砕材）	路盤材 凍上抑制材	・粒径80mm以下	すりへり減量試験	粒子同士の接触	・重量変化	・JIS A 1121 ロサンゼルス試験機による粗骨材のすりへり試験方法	20) 三田村ら (2012)
			乾湿繰返し試験	乾湿繰返し	・重量変化	・JHS 110 岩のスレーキング率試験	
			凍上試験	凍結	・供試体高さの変化 ・試験後のCBR値	・JHS 112 φ150 法による土の凍上試験 ・JIS A 1211 CBR 試験方法	
			凍結融解試験	凍結融解	・粒度分布の変化 ・凍上率（凍結融解100サイクル後）	・JIS A 1148 コンクリートの凍結融解試験方法 ・JHS 112 φ150 法による土の凍上試験	
	路盤材	・粒径40mm以下	乾湿繰返し試験	乾湿繰返し	・重量変化	・JHS 110 岩のスレーキング率試験	21) 井上ら(2016)
粒状材（造粒材）	盛土材 凍上抑制材	・粒径5mm以下 ・粒径10mm以下 ・粒径20mm以下	凍上試験	凍結	・供試体高さの変化	・道路土工排水工指針 凍上試験	22) 佐藤ら (2001)
			乾湿繰返し試験	乾湿繰返し	・細粒分含有率の変化	・乾湿サイクル10回	
	盛土材 埋立材 SCP材	・粒径2mm以下 ・粒径4.75-9.52mm	繰返しせん断試験	地震、波浪等による繰返しせん断応力	・繰返し応力振幅比の変化	・JGS 0541 土の繰返し非排水三軸試験	23) 吉本ら (2007)
	盛土材 路盤材 埋立材 等	・粒径40mm以下	乾湿繰返し試験	乾湿繰返し	・重量変化	・JHS 110 岩のスレーキング率試験 20mm粒子、10mm粒子、5mm粒子、2mm粒子それぞれに対し実施	24) 岩原ら (2008)
			繰返し載荷試験	載荷、除荷の繰返し	・沈下量の変化	・直径15cm×高さ12cmの突固め供試体に対し実施 荷重は500kN/m² と1000kN/m² の2条件 載荷回数1000回、サイクルタイム3-4sec/回、載荷速度200mm/min	
	埋立材	・粒径10mm以下	繰返しせん断試験	地震、波浪等による繰返しせん断応力	・繰返し応力振幅比の変化	・JGS 0541 土の繰返し非排水三軸試験	25) 与那原ら (2009)
	路盤材	・粒径20mm以下	すりへり減量試験	粒子同士の接触	・重量変化	・JIS A 1121 ロサンゼルス試験機による粗骨材のすりへり試験方法	26) 高畠ら (2010)
塑性材	路盤材	記載なし	凍結融解試験	凍結融解	・一軸圧縮強さの変化 ・動弾性係数の変化	・気中凍結融解で実施 最大200サイクルまで評価	10) 椛島ら (2003)
スラリー材	盛土材 埋立材	・直径5cm×高さ10cmの供試体	乾湿繰返し試験	乾湿繰返し	・一軸圧縮強さの変化 ・供試体高さの変化 ・重量変化	・ASTM D 4843 Standard Test Method for Wetting and Drying Test of Solid Wastes 純水、模擬酸性雨、硫酸ナトリウム溶液を浸漬溶媒として実施	17) 藤川ら (2014) 27) 藤川ら (2017)

表 8　石炭灰混合材料の化学性と環境安全性に関する長期安定性を加速試験で評価した国内事例

種別	想定用途	供試試料の形態	加速試験	着目する外的要因	測定項目	参考試験規格もしくは試験条件	参考文献
粒状材（破砕材）	盛土材	粒径 4mm 以下	飽和カラム試験	水との接触	全クロム、ほう素、pH	・EN 14405 Characterization of waste - Leaching behaviour test - Up-flow percolation test	28) 林ら (2004)
	盛土材	粒径 4.75mm 以下	飽和カラム試験	水との接触	六価クロム、ほう素、ふっ素、pH、EC	・ISO 21268-3 Up-flow percolation test ・液固比 20 まで通水	29) 池田ら (2017)
	盛土材 路盤材 等	粒径 40mm 以下	不飽和カラム試験	水との接触	六価クロム、セレン、ひ素、ほう素、ふっ素、XRD	・散水強度 72cm/day	30) 鷲尾ら (2018)
	盛土材 路盤材 等	粒径 2mm 以下 粒径 2-9.5mm 粒径 9.5-19mm	飽和カラム試験	水との接触	全クロム、セレン、ひ素、ほう素、ふっ素、pH	・ISO 21268-3 Up-flow percolation test ・粒径に応じ、直径 5cm、10cm、20cm のカラムを使用 ・液固比 50 まで通水	31) Mizohata et al. (2018) 32) 小川ら (2018)
	盛土材 路盤材 等	粒径 2mm 以下	タンクリーチング試験	水との接触	全クロム、セレン、ひ素、ほう素、ふっ素、pH	・NEN7345 Leaching characteristics of solid earthy and stony building and waste materials ・拡散溶出挙動の評価	33) 小川ら (2019)
			飽和カラム試験	水との接触	全クロム、セレン、ひ素、ほう素、ふっ素、pH	・ISO 21268-3 Up-flow percolation test ・初期飽和の無しのケースも実施 ・液固比 50 まで散水	
			不飽和カラム試験	水との接触	全クロム、セレン、ひ素、ほう素、ふっ素、pH	・ISO 21268-3 Up-flow percolation test ・不飽和下向流で散水強度 15cm/day ・直径 8.5cm×高さ 30cm カラムに充填し、液固比 50 まで散水	
粒状材（造粒材）	路盤材 埋戻材 等	粒径 2mm 以下	飽和カラム試験	水との接触 pH 変化	ひ素、pH	・動水勾配 0.5 で加圧通水 ・直径 5cm×高さ 20cm カラムに充填し、液固比 10 まで通水 ・pH7、pH4、pH2 の溶媒で3ケース	34) 西原ら (2006)
	路盤材 埋戻材 等	粒径 2mm 以下	飽和カラム試験	水との接触	六価クロム、セレン、ほう素	・動水勾配 0.075～2の条件で加圧通水 ・直径 10cm×高さ 40cm カラムに充填し、液固比 4 まで通水 ・同カラムでトレーサー試験も実施	35) 吉本ら (2006) 36) 吉本ら (2007)
	路盤材	造粒試料を粉砕	乾湿繰返し試験	乾湿繰返し	六価クロム、セレン、ほう素、ふっ素	・1サイクル：浸漬 6h+60℃ 炉乾 17h+放冷 1h ・計 32 サイクル	37) 渡久地ら (2010)
塑性材	埋立材 埋戻材	直径 5cm×高さ 10cm の供試体	飽和カラム試験	水との接触	ほう素、カルシウム、pH	・透水試験時の浸出液を分析 ・液固比 10 まで通水	38) 荳野ら (2003)
	盛土材	有姿	pH 依存溶出試験	pH 変化	六価クロム、セレン、ふっ素、鉛、カドミウム、全シアン、総水銀	・pH4-12 までの溶媒との接触	11) 尾脇ら (2007)
スラリー材	盛土材 埋戻材	直径 5cm×高さ 10cm の供試体	乾湿繰返し試験	乾湿繰返し pH 変化	六価クロム、ほう素、ふっ素、カルシウム、pH	・ASTM D 4843 Standard Test Method for Wetting and Drying Test of Solid Wastes ・純水、模擬酸性雨、硫酸ナトリウム溶液を浸漬溶媒として実施	17) 藤川ら (2014) 39) 藤川ら (2014)
	埋戻材	直径 5cm×高さ 10cm の供試体	タンクリーチング試験	水との接触	全クロム、セレン、ひ素、ほう素、ふっ素、pH	・NEN7345 Leaching characteristics of solid earthy and stony building and waste materials ・拡散溶出挙動の評価および有効拡散係数の推定	40) 小川ら (2017)

参考文献

1) 肴倉宏史，加藤雅彦，隅倉光博：地盤材料として利用する副産物の有効活用推進に向けた課題と展望，第 12 回環境地盤工学シンポジウム発表論文集，pp. 77–84，2017.

2) 肴倉宏史，加藤雅彦，小澤一喜，小川翔平，藤川拓朗：地盤材料として利用する副産物の長期安定性評価法確立に向けた検討，第 13 回環境地盤工学シンポジウム発表論文集，pp. 215–222，2019.

3) 三浦雅彦，奥田康三，浅野耕司，加藤正巳：石炭灰を利用した路盤材の長期耐久性に関する実証検討，舗装工学論文集，Vol. 1，pp. 279–288，1996.

4) 前川文誓，飯干信幸，小川信行，平嶋慎二：石炭灰を有効利用した人工地盤材料「コアソイルQ」の概要と実用化に向けての取り組み，電力土木，Vol. 310，pp. 63–67，2004.

5) 宇野浩樹，檜垣貫司，鶴谷巌，大中昭：セメント処理で造粒化した石炭灰による盛土施工試験，第 5 回環境地盤工学シンポジウム発表論文集，pp. 251–254，2003.

6) 大中昭，本郷孝，虫合一浩，吉本憲正，兵動正幸　他：石炭灰を造粒した人工地盤材料による盛土試験，地盤と建設，Vol. 24，pp. 129–136，2006.

7) 佐藤厚子，西本聡，鈴木輝之：固化した石炭灰スラリーおよび石炭灰による盛土の長期的な性状について，第 10 回環境地盤工学シンポジウム発表論文集，pp. 109–112，2013.

8) 玉井和久，小畑健二，芳倉勝治，日比野忠史，首藤啓　他：石炭灰造粒物の海底被覆による中・長期的な海域環境改善効果，土木学会論文集 B3（海洋開発），Vol. 69，pp. I_892–I_897，2013.

9) 中本健二，松尾暢，樋野和俊，日比野忠史：海砂代替材に活用される石炭灰造粒物の長期的な物理化学特性評価，土木学会論文集 B3（海洋開発），Vol. 72，pp. I_940–I_945，2016.

10) 椛島祐一郎，三宮芳明，岸哲也：石炭灰を用いた混合路盤材の長期性状について，平成 14 年度北海道開発技術研究発表会，港-24，2003.

11) 尾脇宣宏，長稔，斉藤栄一，島岡隆行：石炭灰リサイクル材料による大規模盛土の実証工事，第 28 回全国都市清掃研究・事例発表会講演論文集，Vol. 28，pp. 263–265，2007.

12) 苓北町：過去のお知らせ，2019.02.25 地域資源有効活用に係るモニタリング調査の結果を公表します．https://reihoku-kumamoto.jp/9983/（2019.9.アクセス確認）

13) 長稔，坂本守，井手元高行，斉藤栄一：石炭灰リサイクル建設資材の盛土造成工事への有効利用，地盤工学会九州支部地盤環境および防災における地域資源の活用に関するシンポジウム発表論文集，pp.55–58，2010.

14) 田島孝敏，井出一貴，千野裕之，山田祐樹，佐々木徹　他：石炭灰の重金属不溶化と改良盛土材の環境安全性，大林組技術研究所報，No. 79，pp. 1–8，2015.

15) 川口正人，浅田素之，北澤達夫，堀内澄夫：石炭灰スラリー工法による埋め立て地盤の長期安定性評価，第 34 回地盤工学研究発表会講演集，pp. 927–928，1999.

16) 川口正人，小川恵道，堀内澄夫，仏田理恵，西本聡　他：石炭灰スラリー工法による埋め立て地盤の長期環境適合評価，第 40 回地盤工学研究発表会講演集，pp. 667–668，2005.

17) 藤川拓朗，佐藤研一：乾湿サイクル法等の環境暴露試験法の開発〜乾湿繰返し履歴を受けた石炭灰混合材料の耐久性評価〜，平成 25 年度環境研究総合推進費補助金　研究事業総合研究報告書，東アジア標準化に向けた廃棄物・副産物の環境安全品質管理手法の確立 3K113004，pp. 58–78，2014.

18) 和田眞郷，山崎智弘：フライアッシュを有効活用した新しい土質系遮水材（HCB-F），北陸地方建設事業

推進協議会平成 28 年度建設技術報告会報文集，pp. 105–108，2016.

19) 大塚拓，岩屋希，井野場誠治，石田哲也：石炭灰混合材料の微細構造がホウ素の溶出に及ぼす影響，第 72 回セメント技術大会講演要旨集，pp. 36-37，2018.

20) 三田村宏二，熊谷政行，安倍隆二：焼却灰を主原料とした再生骨材の凍上抑制層への適用性に関する検討-中間報告-，平成 24 年度北海道開発技術研究発表会，環-12，2012.

21) 井上陽介，柳葉正八，藁谷秀彰，黒山英伸，佐藤泰：石炭灰を利用した人工地盤材料の開発とその活用例について，材料，Vol. 65，pp. 34–39，2016.

22) 佐藤厚子，西川純一，山澤文雄，仲里豊彦：造粒化した石炭灰の地盤材料への適用性，土木学会第 56 回年次学術講演会講演集，pp. 412–413，2001.

23) 吉本憲正，兵動正幸，中田幸男，ロランドオレンセ：粒子強度に基づく造粒石炭灰の地盤材料としての利用先の検討，土と基礎，Vol. 55，pp. 23–25，2007.

24) 岩原廣彦，佐々木勝教，石井光裕：フライアッシュを主原料とした天然粒状代替材の開発：かけがいのない天然資源の温存と景観環境保全を目指して，電力土木，Vol. 317，pp. 9-19，2005.

25) 与那原利行，原久夫，松本新一，真栄田義安，渡久地 博之 他：石炭灰を混合した浚渫土造粒地盤材料の．繰返し非排水せん断特性に関する研究，第 22 回沖縄地盤工学研究発表会講演論文集，pp.23–30, 2009.

26) 高畠依里，伊藤始，橋本徹，長山明：セメント混入量が石炭灰造粒物のすりへり特性と強度特性に与える影響，土木学会中部支部研究発表会講演概要集，pp. 515–516，2010.

27) 藤川拓朗：石炭灰を用いた地盤材料の耐久性評価手法及び環境安全品質管理手法の確立，科学研究費助成事業　研究成果報告書，課題番号 26870786，2014.

28) 林錦眉，田野崎隆雄，佐伯竜彦，長瀧重義：重金属類溶出のリスク評価を目的とした石炭灰フライアッシュのキャラクタリゼーション，コンクリート工学年次論文集，Vol.26，No.1，pp.195–200，2004.

29) 池田哲朗，佐藤研一，藤川拓朗，古賀千佳嗣：上向流カラム通水試験を用いた石炭灰混合材料の長期溶出特性，第 52 回地盤工学研究発表会講演集，pp. 1979–1980，2017.

30) 鷲尾知昭，中田英喜，古賀明宏，丸山英二：石炭灰混合材料からの長期溶出抑制技術，第 53 回地盤工学研究発表会講演集，pp. 2313–2314，2018.

31) Mizohata R., Inui T., Ogawa S., Takai A., Katsumi T. and Inoba S.: Effects of particle size on leaching behavior of fly ash based recycled geomaterials, Proceedings of the 17th Global Joint Seminar on Geo-Environmental Engineering, 2018.

32) 小川翔平，井野場誠治，溝端良健，乾徹：異なる粒度を有する石炭灰混合材料の拡散溶出試験による重金属類溶出特性の評価，第 53 回地盤工学研究発表会講演集，pp. 2181–2182，2018.

33) 小川翔平，井野場誠治：石炭灰混合材料の微量元素の溶出特性と砂質土における移行挙動の評価，第 25 回地下水・土壌汚染とその防止対策に関する研究集会予稿集，pp. 581–586，2019.

34) 西原浩一郎，吉本憲正他：微量物質の造粒石炭灰からの溶出とリスク評価，第 41 回地盤工学研究発表会講演集，pp. 2349–2350，2006.

35) 吉本憲正，兵動正幸　他：造粒石炭灰から溶出した微量物質の飽和地盤内における移動とリスク評価，第 41 回地盤工学研究発表会講演，pp.2351–2352，2006.

36) 吉本憲正，兵動正幸　他：造粒石炭灰中微量物質の地盤中での吸着及び移動，第 7 環境地盤工学シンポジウム発表論文集，pp. 145–150，2007.

37) 渡久地博之，真栄田義安，原久夫，与那原利行，松本新一：石炭灰及び赤土泥状土を用いた再生造粒材の地盤環境影響に関する研究開発，第 23 回沖縄地盤工学研究発表会講演論文集，pp.22–27，2010.

38) 甚野智子，久保博：石炭灰のほう素不溶化処理に関する研究，大林組技術研究所報，No.66，89–94，2003.

39) 藤川拓朗，佐藤研一，古賀千佳嗣，肴倉宏史：種々の乾湿繰返し履歴を受けた石炭灰混合材料の耐久性及び環境影響評価，第 11 回地盤改良シンポジウム論文集，pp. 277–280，2014.

40) 小川翔平，井野場誠治，石炭灰混合材料の環境安全性評価－粒径に依存した溶出特性の把握－，電力中央研究所報告書，V17002, 2017.

付録V　石炭灰混合材料の施工事例

　この資料は，発注者および施工者等が石炭灰混合材料の使用を計画する際の参考となるように，石炭灰混合材料の利用実績のうち，至近5か年程度の代表的な事例について，利用目的と概要等を取りまとめて掲載したものである．

石炭灰混合材料　施工事例 1

工事名称	メガフロート津波等リスク低減対策工事		
発注者(事業者)	東京電力 HD 株式会社	施工期間	2018 年 12 月〜施工中 (2019 年 9 月現在)
施工場所	福島第一原子力発電所敷地内および港湾内		
材料分類	粒状材	用　途	盛土材
混合材料使用量	約 41,210 m³　（2019 年 9 月現在）(破砕前の母材容積)	石炭灰使用量	約 45,050 トン (2019 年 9 月現在)
工事概要	主に港湾内に構築する捨石盛土の材料として粒状材（破砕材）を使用.		
施工状況 (図・写真等)	【粒状材の製造状況】 　 　　　　振動締固め　　　　　　　　　　　破砕 【供給する破砕材】  　本工事は海中での盛土であるため，材料特性は以下のようになっている. 　　せん断抵抗角：30.7〜36.8° 　　せん断強さ：44.8〜75.5 kN/m²		
主要材料特性	粒度（調整可能），破砕前の固化体の一軸圧縮強度 10 N/mm² 以上（JIS A 1108），せん断抵抗角 40.2°，せん断強さ 64.3 kN/m²，95%修正 CBR 74〜125%		
参考文献	髙木ら：福島第一原子力発電所土木工事における石炭灰活用の取組（その 1〜4），第 74 回土木学会年次学術講演会　[Ⅵ-966〜969]，2019.		

石炭灰混合材料　施工事例 2

工事名称	船台定盤化工事（土木）		
発注者(事業者)	民間事業者	施工期間	2017 年 1 月～3 月
施工場所	京都府舞鶴市余部下 1180　ジャパ ンマリンユナイテッド 舞鶴事業所		
材料分類	粒状材	用　途	盛土材
混合材料使用量	15,000 トン	石炭灰使用量	約 10,500 トン
工事概要	船舶ドックの「船台定盤化工事（土木)」において新設定盤を設けるにあたり，地盤沈下の抑制と構造物への荷重低減を図るための軽量盛土材として粒状材（破砕材）を使用.		
施工状況 （図・写真等）	【供給する破砕材】 【施工状況】 材料敷均し　　　　　　　　　　　材料振動締固め		
主要材料特性値	最大粒径 200 mm，細粒分含有率 5.8%，単位容積質量（舗装調査・試験法便覧 A023）1.34 kg/L, 吸水率 16%，せん断抵抗角 35°，すりへり減量 30%，室内 CBR　70%，載荷試験 900 kN/m² 時沈下無し		
参考文献	NETIS 登録番号：KKK-150001		

石炭灰混合材料　施工事例 3

工事名称	小高 SGET 南相馬メガソーラ建設工事		
発注者(事業者)	民間事業者	施工期間	2018 年 8 月～2019 年 4 月
施工場所	福島県南相馬市小高区		
材料分類	粒状材	用　途	基礎材
混合材料使用量	40,000 トン	石炭灰使用量	約 30,000 トン
工事概要	大規模メガソーラ工事における基礎材として，粒状材（破砕材）を RC-40 の代替材として使用．		
施工状況 （図・写真等）	【施工状況】材料搬入⇒敷均し⇒転圧・完了  材料搬入  敷均し  転圧・完了 RC-40 と比較して軽量であるため，運搬時のダンプトラックの台数を軽減できるほか，アルカリ性を呈するため除草効果が期待できる．		
主要材料特性値	すりへり減量 45%以下，　修正 CBR　65%以上		
参考文献			

石炭灰混合材料　施工事例 4

工事名称	入善黒部バイパス江口舗装工事		
発注者(事業者)	国交省北陸地方整備局	施工期間	2014 年 7 月
施工場所	富山県黒部市江口地先		
材料分類	粒状材	用　途	路床材
混合材料使用量	約 5,000 トン	石炭灰使用量	約 3,300 トン
工事概要	40 mm アンダーに粒度調整した粒状材（破砕材）を国道 8 号線入善黒部バイパスの路床材として使用．砕石代替品として通常の砕石と同様に施工．		
施工状況 （図・写真等）	【施工状況】 		
主要材料特性値	最大粒径 40 mm 以下，　最大乾燥密度 1.184 g/cm³，修正 CBR 78 %，液性限界 31.4%，塑性限界 NP，すりへり減量 39.3%		
参考文献	富山県認定リサイクル製品 28-7 http://www.pref.toyama.jp/sections/1705/recycle1/goods.html		

石炭灰混合材料　施工事例 5

工事名称	前田浦西線・道路築造工事（H29-12）		
発注者(事業者)	てだこ浦西周辺土地区画整理組合	施工期間	2018 年 12 月～2019 年 2 月
施工場所	浦添市前田地内		
材料分類	粒状材	用　　途	擁壁裏込材
混合材料使用量	約 1,950 m³	石炭灰使用量	約 1,950 トン
工事概要	道路築造工事における，擁壁の裏込材として粒状材（破砕材）を使用．		
施工状況 （図・写真等）	【施工状況】  敷均し状況 1  敷均し状況 2		
主要材料特性値	粒度　礫質土相当，湿潤密度 1.0～1.6 g/cm³，一軸圧縮強さ 1,000 kN/m² 以下，粘着力 30 kN/m² 以上，せん断抵抗角 30°以上，		
参考文献	http://www.okipura.co.jp/topics/1550019035/		

石炭灰混合材料　施工事例 6

工事名称	小名浜港藤原ふ頭地区岸壁(-12m)外(災害復旧)工事，他 2 工事		
発注者(事業者)	東北地方整備局	施工期間	2013 年 8 月～11 月
施工場所	福島県小名浜港		
材料分類	粒状材	用　途	裏込材
混合材料使用量	10,306 m³	石炭灰使用量	8,020 トン
工事概要	小名浜港の災害復旧工事における岸壁の裏込材料として粒状材（破砕材）を使用．		
施工状況 （図・写真等）	【施工状況】  施工場所の遠景と施工状況  施工完了		
主要材料特性値	湿潤密度 1.187g/cm³，最大乾燥密度（B-c 方法）　0.972 g/cm³， 水中単位体積重量 5.4 kN/m³，せん断抵抗角 41.0°		
参考文献	http://www.sakaisuzuki.co.jp		

石炭灰混合材料　施工事例 7

工事名称	酒田港コンテナターミナル造成工事		
発注者(事業者)	山形県	施工期間	2019 年 6 月〜8 月
施工場所	酒田市高砂地内		
材料分類	粒状材	用　途	裏込材，裏埋材
混合材料使用量	20,000 m³	石炭灰使用量	15,600 トン
工事概要	酒田港北港岸壁の背後部の造成工事に伴う締切矢板背面の裏込材および裏埋材として粒状材（破砕材）を使用.		
施工状況 （図・写真等）	【施工状況】  施工箇所 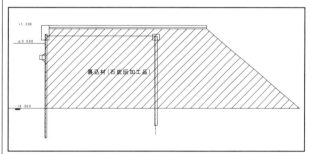 断面図  施工状況		
主要材料特性値	湿潤密度　1.325 g/cm³，最大乾燥密度　1.133 g/ m³， 水中単位体積重量　5.8 kN/ m³，せん断抵抗角　41.1°，設計 CBR　85.4 ％		
参考文献	http://www.sakaisuzuki.co.jp		

石炭灰混合材料　施工事例 8

工事名称	主要地方道米沢飯豊線スノーシェッド下部工事		
発注者(事業者)	山形県置賜総合支庁	施工期間	2016 年 8 月
施工場所	山形県飯豊町地内		
材料分類	粒状材	用　途	背面埋戻材
混合材料使用量	352 m³	石炭灰使用量	270 トン
工事概要	軟弱地盤層における逆 T 型擁壁工の背面埋戻材料として粒状材（破砕材）を使用.		
施工状況 （図・写真等）	【施工状況】 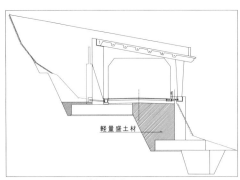　 　　　断面図　　　　　　　　　　搬入状況 　 　　　施工状況　　　　　　　　　1 次埋戻し完了  　　　　　　　埋戻し完了		
主要材料特性値	湿潤密度　1.199g/ cm³,　最大乾燥密度（B-b 方法）　0.929 g/cm³, 水中単位体積重量　5.4 kN/ m³,　せん断抵抗角　41.5°,　修正 CBR 62.4 %		
参考文献	http://www.sakaisuzuki.co.jp		

石炭灰混合材料　施工事例 9

工事名称	掘削箇所埋戻し工事		
発注者(事業者)	民間事業者	施工期間	2017 年 5 月～施工中 （2019 年 7 月現在）
施工場所	福島県いわき市大久町大久字岩下 1 番地		
材料分類	粒状材	用　途	盛土材，埋戻材
混合材料使用量	約 240,000 m³ （2019 年 7 月現在）	石炭灰使用量	約 160,000 トン （2019 年 7 月現在）
工事概要	林地開発地の掘削箇所原状復旧のため，粒状材（造粒材）を隣接プラントで製造し，保管ヤードにて養生後，施工場所に運搬，ブルドーザで敷均し・転圧することで盛土・埋戻しを実施.		
施工状況 （図・写真等）	【製造状況】  製造プラント全景 【施工状況】  埋戻し		
主要材料特性値	最大粒径 75 mm，細粒分含有率 12.8~17.1%，最大乾燥密度 1.0～1.2 g/cm³程度，せん断抵抗角 35°程度以上，設計CBR 20%以上，透水係数 1×10^{-4}～1×10^{-6} m/s程度		
参考文献	岩原ら：フライアッシュを主原料とした天然造粒代替材の開発，電力土木 317，pp.9-19,2005.5		

石炭灰混合材料　施工事例 10

工事名称	新図書館等複合施設建築主体工事		
発注者(事業者)	高知県教育委員会	施工期間	2015 年 5 月〜7 月
施工場所	高知県高知市追手筋二丁目 1 番 1 号		
材料分類	粒状材	用　途	埋戻材
混合材料使用量	2,294 トン	石炭灰使用量	1,529 トン
工事概要	基礎部分地下ピットの埋戻材として粒状材（造粒材）を使用.		
施工状況 （図・写真等）	【施工状況】 		
主要材料特性値	湿潤密度 1.55 g/cm³, 最大乾燥密度（A-b 方法） 1.10 g/cm³, せん断抵抗角 40°程度		
参考文献	https://www.yonden.co.jp/energy/environment/ash/index.html		

石炭灰混合材料　施工事例 11

工事名称	津幡町公共下水道事業第 11 処理分区管渠築造工事（その 50）		
発注者(事業者)	津幡町上下水道課	施工期間	2017 年 11 月
施工場所	石川県津幡町津幡地内		
材料分類	粒状材	用　　途	埋戻材，下層路盤材
混合材料使用量	300m³	石炭灰使用量	176 トン
工事概要	下水工事における埋戻材および下層路盤材として使用．最大粒径を 40mm 以下に調整した粒状材（破砕材）を砕石代替品として使用し，通常の砕石と同様に施工．		
施工状況 （図・写真等）	【施工状況】  埋戻工（敷き均し・転圧）  路盤工（敷き均し・転圧）		
主要材料特性値	最大粒径 40 mm 以下，液性指数 NP，最適含水比 29.8%，修正 CBR 89.7%，すりへり減量 29.8%		
参考文献	石川県エコ・リサイクル認定製品 https://www.pref.ishikawa.lg.jp/haitai/recycle/nintei/documents/181.pdf		

石炭灰混合材料　施工事例 12

工事名称	東港区中央埠頭ヤード内東側通路造成工事（フェリーターミナル関連）		
発注者(事業者)	苫小牧港管理組合	施工期間	2012 年 6 月～12 月
施工場所	苫小牧東港		
材料分類	粒状材	用　　途	下層路盤材
混合材料使用量	約 2,800 m³	石炭灰使用量	約 2,940 トン
工事概要	貨物コンテナ関係のヤードおよび大型車両等の駐車に利用するため，粒状材（造粒材）を下層路盤材として使用．		
施工状況 （図・写真等）	【施工状況】 工事現場　　　　　　　　　　敷均し 不陸整正　　　　　タイヤローラによる転圧		
主要材料特性値	最適含水比 22.7%，単位容積質量（舗装調査・試験法便覧 A023）1.12 kg/L，固化体の一軸圧縮強度 18 N/mm² 以上（JISA 1108 材齢 3 日），吸水量 23.42%，修正 CBR 128.3%		
参考文献	NETIS 登録番号：（旧）HK-100018-A 北海道認定リサイクル製品 http://www.pref.hokkaido.lg.jp/ks/tot/re/ninteiseido/ntop.htm		

石炭灰混合材料　施工事例 13

工事名称	開発茶志内線地方道工事（道路の段差改善工事）			
発注者(事業者)	北海道札幌建設管理部	施工期間	1)	2013 年 10 月～2014 年 2 月
			2)	2014 年 4 月～2014 年 9 月
施工場所	北海道空知管内地方道開発茶志内線			
材料分類	粒状材	用　　途		下層路盤材
混合材料使用量	1) 78 m³ 2) 434m³	石炭灰使用量		1) 82 トン 2) 455 トン
工事概要	橋梁と道路（軟弱地盤）に生じる段差を解消するため，石炭灰混合材料の特性である軽量性（盛土重量（土圧）の低減・圧密沈下低減等）を活かして，下層路盤材として使用．			
施工状況 （図・写真等）	【施工状況】 1) 工事現場　　　　　　　施工場所　　　　　　　施工箇所 2) 施工状況 施工完了			
主要材料特性値	最適含水比 22.7%，湿潤密度 1.33～1.43 g/cm³，固化体の一軸圧縮強度 18 N/mm²以上（JIS A 1108 材齢 3 日），吸水量 23.42%，修正 CBR 128.3%			
参考文献	NETIS 登録番号：（旧）HK-100018-A，北海道認定リサイクル製品 http://www.pref.hokkaido.lg.jp/ks/tot/re/ninteiseido/ntop.htm			

石炭灰混合材料　施工事例 14

工事名称	コンビニ店舗新築工事（外構工事）		
発注者(事業者)	民間事業者	施工期間	2018 年 4 月
施工場所	亀田郡七飯町峠下		
材料分類	粒状材	用　　途	路盤材
混合材料使用量	700 m³	石炭灰使用量	350 トン
工事概要	外構工事（駐車場舗装）の下地路盤材として粒状材（破砕材）を使用.		
施工状況 （図・写真等）	【施工状況】  【締固め状況】  天然砕石と比較しても同等の性能を有し, 軽量なため扱いやすいとの評価を得た.		
主要材料特性値	最大粒径 40 mm, 細粒分含有率 14.3%, 最大乾燥密度 1.32 g/cm³, 吸水率 25.4%, 最適含水比 29.4%, 修正 CBR 78.8%, すりへり減量 28.6%, 凍上率 18.8%（コンクリート状凍結）		
参考文献	北海道認定リサイクル製品 http://www.pref.hokkaido.lg.jp/ks/tot/re/ninteiseido/ntop.htm		

石炭灰混合材料　施工事例 15

工事名称	福知山市聖佳町法面崩落緊急災害復旧工事		
発注者(事業者)	京都府福知山市	施工期間	2016 年 11 月～2017 年 3 月
施工場所	福知山市字土小字大池坂 8004 番地 1 他		
材料分類	粒状材	用　　途	法面かごマット工法石材
混合材料使用量	2,000 トン	石炭灰使用量	1,400 トン
工事概要	切土された急傾斜地が大雨により土砂が崩落し，緊急災害復旧工事を実施するにあたり，施工場所が急傾斜で重量物を設置すると二次災害として更なる崩落の危険が予測されることから，かごマット工法における軽量石材として使用.		
施工状況 （図・写真等）	【供給する粒状材】  【施工状況】  かごマット設置風景　　　　　　　 　　　　　　　　　　　　　　　　粒状材による法面排水処理		
主要材料特性値	粒径 150～200 mm 内外，一軸圧縮強度 11 N/mm² 以上（JIS A 1108）　※破砕前の固化体(材齢 28 日)の測定値として		
参考文献	NETIS 登録番号：KKK-150001		

石炭灰混合材料　施工事例 16

工事名称	鶴見川臭気対策工事		
発注者(事業者)	関東地方整備局京浜河川事務所	施工期間	2017 年～2018 年 3 月
施工場所	1 級河川鶴見川芦穂橋下流右岸		
材料分類	粒状材	用　　途	覆砂材
混合材料使用量	約 30m³	石炭灰使用量	約 25 トン
工事概要	1 級河川鶴見川の感潮域において，底質土の臭気対策として粒状材（造粒材）による覆砂を実施.		
施工状況 （図・写真等）	【供給する粒状材】 【施工状況】 【施工後の状況】 臭気の原因である硫化水素の低減およびこれによる臭気低減効果が確認された.		
主要材料特性値	土粒子密度 2.1～2.4 g/cm³，乾燥密度 0.8～1.1 g/cm³，湿潤密度 1.0～1.4 g/cm³，含水比 15～35%，圧壊強度 1.2 MPa 以上（JIS Z 8841）		
参考文献	NETIS 登録番号：SKK-120002-A 立花ら：鶴見川芦穂橋周辺における Hi ビーズによる臭気抑制効果の検証について，第 74 回土木学会年次学術講演会 [VII-69]，2019.		

石炭灰混合材料　施工事例 17

工事名称	京橋川底質改善事業試験事業		
発注者(事業者)	広島県西部建設事務所	施工期間	2012 年 2 月～2013 年 5 月
施工場所	広島県広島市中区		
材料分類	粒状材	用　　途	覆砂材
混合材料使用量	約 2,700 m³	石炭灰使用量	約 2,300 トン
工事概要	1 級河川京橋川の感潮域における底質改善のため，粒状材（造粒材）を敷設し，河川環境の改善を図る．		
施工状況 （図・写真等）	【供給する粒状材】　　　　　　　　【施工状況 1】 【施工状況 2】 【施工後の状況】 		
主要材料特性値	土粒子密度　2.1～2.4 g/cm³，乾燥密度　0.8～1.1 g/cm³，湿潤密度　1.0～1.4 g/cm³，含水比　15～35%，圧壊強度　1.2 MPa 以上（JIS Z 8841）		
参考文献	NETIS 登録番号：SKK-120002-A 広島県土木建築局河川課：石炭灰造粒物による環境改善手法の手引き感潮河川編，2017 年 3 月． 中本ら：ヘドロ堆積干潟での石炭灰造粒物による大規模底質改善施工技術の開発，土木学会論文集 B3(海洋開発), Vol.71, No.2, I_808-I_813, 2015.		

石炭灰混合材料　施工事例 18

工事名称	中海における浅場・覆砂整備工事		
発注者(事業者)	中国地方整備局出雲河川事務所	施工期間	2005 年～2019 年
施工場所	中海（島根県および鳥取県）		
材料分類	粒状材	用　　途	覆砂材
混合材料使用量	約 307,000 m³	石炭灰使用量	約 256,000 トン
工事概要	中海の自然浄化機能の回復 のため覆砂材として粒状材（造粒材）を敷設し，浅場を造成する．		
施工状況 （図・写真等）	 【浅場造成のイメージ】 【供給する粒状材】　【施工状況】 【施工後の状況 1】　【施工後の状況 2】		
主要材料特性値	土粒子密度 2.1～2.4 g/cm³，乾燥密度 0.8～1.1 g/cm³，湿潤密度 1.0～1.4 g/cm³，含水比 15～35%，圧壊強度 1.2 MPa 以上（JIS Z 8841）		
参考文献	NETIS 登録番号：SKK-120002-A 島根県認定「しまねグリーン製品」 国土交通省中国地方整備局広島港湾空港技術調査事務所：石炭灰造粒物による環境改善手法の手引き，2013 年 3 月．		

石炭灰混合材料　施工事例 19

工事名称	都市公園（復興交（防））工事（造成工）			
発注者(事業者)	福島県		施工期間	2014 年 12 月～2015 年 4 月
施工場所	福島県相馬郡新地町			
材料分類	塑性材		用　途	盛土材
混合材料使用量	約 16,300 m³		石炭灰使用量	約 19,900 トン
工事概要	津波被害の軽減や避難時間の確保など防災機能向上のため，防災緑地公園として造成する盛土材料として塑性材を使用.			
施工状況 （図・写真等）	【施工状況】 　 　　　　敷き均し　　　　　　　　　　振動締固め 【施工完了時全景】 			
主要材料特性	湿潤密度　1.60～1.80 g/cm³，一軸圧縮強度　5 N/mm² 以上（JIS A 1108）， 静弾性係数　4～6×10³ N/mm²，透水係数　1×10⁻⁹～10⁻¹⁰ m/s			
参考文献	坂本ら：石炭灰を大量にリサイクルする盛土材料の寒冷地への適用，第 68 回土木学会年次学術講演会　[Ⅴ-304]，2013.			

石炭灰混合材料　施工事例 20

工事名称	防潮堤盛土実証試験		
発注者(事業者)	相馬共同火力発電株式会社	施工期間	2013 年 3 月〜5 月
施工場所	福島県相馬郡　相馬共同火力発電株式会社　新地発電所構内		
材料分類	塑性材	用　途	盛土材
混合材料使用量	1,100 m³	石炭灰使用量	1,600 トン
工事概要	石炭灰混合材料をプラントで製造し，ダンプトラックで施工場所に運搬． ブルドーザで敷き均した後，振動ローラで転圧することで堤体を構築．		
施工状況 （図・写真等）	【施工状況】 バッチャープラント　　　ダンプトラックによる運搬 ブルドーザによる敷均し　コンバインドローラによる締固め ・長さ 39m，幅 14m，高さ 3.5m ・原料： 　石炭灰：1,600 トン（新生灰）， 　セメント 175 トン，助材 36 トン ・植生工（のり面緑化）		
主要材料特性値	湿潤密度　1.6〜1.7 g/cm³， 一軸圧縮強さ　4,000〜10,000 kN/m²（材齢 28 日），透水係数　1×10^{-10} m/s 以下		
参考文献	佐々木ら：石炭灰を活用した復興工事への取組み　—石炭灰を活用した防潮堤盛土 実証試験—，土木施工，Vol.54，No.9，2013.		

石炭灰混合材料　施工事例 21

工事名称	白木尾海岸保全工事（白木尾）		
発注者(事業者)	熊本県	施工期間	2010 年 7 月～2010 年 10 月
施工場所	熊本県天草郡苓北町		
材料分類	塑性材	用　途	裏埋材
混合材料使用量	約 10,193 m³	石炭灰使用量	約 13,226 トン
工事概要	海岸線の侵食防止および高潮対策工事における護岸ブロックの裏埋材として使用.		
施工状況 （図・写真等）	【施工状況】 		
主要材料特性	一軸圧縮強度　5 N/mm² 以上（JIS A 1108）		
参考文献			

石炭灰混合材料　施工事例 22

工事名称	平成 23 年度　大谷橋改良工事		
発注者(事業者)	徳島河川国道事務所	施工期間	2011 年 9 月～2012 年 3 月
施工場所	徳島県三好市山城町大和川		
材料分類	スラリー材	用　途	盛土材
混合材料使用量	900 ㎥	石炭灰使用量	205 トン
工事概要	一般国道 32 号　大谷橋南詰交差点改良のうち道路拡幅工事における「発注者指定型」軽量盛土工において，気泡混合したスラリー材を気泡混合軽量盛土として使用．スラリー材は，施工場所から約 300 m 離れたプラントヤードから圧送し，施工．		
施工状況 （図・写真等）	【施工状況】 標　準　断　面　図 施　工　状　況　　　　プラント設置状況 【配合】　1 ㎥当り ・セメント 209 kg　・フライアッシュ 209 kg　・水 243 kg ・起泡剤 0.94 kg　・希釈水 22.94 kg		
主要材料特性値	湿潤密度 0.69±0.1 g/cm³（重量測定法），フロー値 180±20 mm（JHS A 313），空気量 57.4±5 ％（JHS A 313-1992），一軸圧縮強度 1.0 N/mm² 以上（JIS A 1108）		
参考文献	https://www.yonden.co.jp/energy/environment/ash/index.html		

石炭灰混合材料　施工事例 23

工事名称	中部幹線配水管廃止（その 1～3）工事		
発注者(事業者)	富山市上下水道局	施工期間	2018 年 9 月～10 月
施工場所	富山県富山市石金一丁目他地内		
材料分類	スラリー材	用　途	水道廃止管内の中詰材
混合材料使用量	約 630 m³	石炭灰使用量	約 470 トン
工事概要	水道廃止管の撤去不能区間の中詰充填材としてスラリー材を使用. 施工の際，管内の充填状況に合わせてモルタルポンプによる圧力注入と自然流下による流し込みを併用.		
施工状況 （図・写真等）	【施工状況】  圧力注入プラント全景  流し込み スラリー材は工場にて製造した後，生コン用ミキサ車に積込み・運搬し現場にて使用. 他材料（エアモルタル・セメントベントナイト混合物等）と比較し，施工現場に材料混練設備が不要なため仮設エリアが比較的小さく，材料混練に伴う粉塵・騒音の心配がない. 構成材料に骨材が含まれないため流動性が高く，長距離の圧送に耐えうる. また，密実に充填でき，その流入量を管理しやすい等の利点があった.		
主要材料特性値	P ロート流下試験　14±4 秒， 一軸圧縮強度　1 N/mm² 以上（JIS A 1108 材齢 28 日，現場水中養生）		
参考文献	富山県認定リサイクル製品 28-7 http://www.pref.toyama.jp/sections/1705/recycle1/goods.html		

石炭灰混合材料　施工事例 24

工事名称	稲永ふ頭廃棄物埋立護岸築造工事（その２）（その６）（その８）		
発注者(事業者)	名古屋港管理組合	施工期間	2013 年 8 月～2014 年 10 月
施工場所	名古屋市港区潮凪町地先		
材料分類	スラリー材	用　途	遮水材
混合材料使用量	約 800 m³	石炭灰使用量	約 560 トン
工事概要	管理型廃棄物海面処分場の遮水護岸を構成する鋼管矢板に設けた遮水室および箱型矢板の継手部に充填する変形追随性遮水材として，土質系遮水材を製造し，同箇所の水中部に打設．		
施工状況 （図・写真等）	【配合表】 【施工状況】 		
主要材料特性値	湿潤密度 1.53 g/cm³ 程度（重量測定法），シリンダフロー値 150 mm 程度，一軸圧縮強さ 100～1000 kN/m²，透水係数 3×10⁻⁹ m/s 以下		
参考文献	山崎ら：フライアッシュを主材とした土質系遮水材 HCB-F，電力土木，Vol.369，pp.92-94，2014.1． ／ 日刊建設工業新聞等 2015.2/9		

石炭灰混合材料　施工事例 25

工事名称	平成 29 年度東京港鋼管杭撤去工事			
発注者(事業者)	国土交通省関東地方整備局	施工期間	2017 年 12 月	
施工場所	東京都江東区青海地先			
材料分類	スラリー材	用　途	遮水材	
混合材料使用量	12 m³	石炭灰使用量	8.4 トン	
工事概要	管理型廃棄物海面処分場の底面粘性土遮水層に打設した鋼管杭の撤去後の埋戻遮水材として，同部に土質系遮水材を製造・打設．			

施工状況
（図・写真等）

【配合表】

材料	水セメント比 W/C(%)	フライアッシュ FA(kg)	ベントナイト B(kg)	セメント C(kg)	繊維 v(kg)	海水 W(kg)	計 (t/m3)
基準配合	775	699.2	174.8	72.8	5.4	564.3	1.517
比重(t/m3)	比重(t/m3)	2.00	2.60	3.15	0.90	1.02	
体積(m3)	体積(m³)	0.350	0.067	0.024	0.006	0.553	1.000

【施工状況】

覆土層

廃棄物層

粘性土層
$(k \leqq 10^{-8} m/s)$

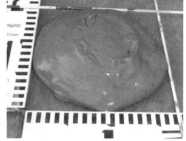

主要材料特性値	湿潤密度 1.53 g/cm³ 程度（重量測定法），シリンダフロー値 150 mm 程度，一軸圧縮強さ 100〜1000 kN/m²，透水係数 3×10^{-9} m/s 以下
参考文献	山崎ら：フライアッシュを主材とした土質系遮水材 HCB-F，電力土木，Vol.369，pp.92-94，2014.1. ／　日刊建設工業新聞等 2018.7/26

石炭灰混合材料　施工事例 26

工事名称	平成 29 年度廃棄物埋立地盤における杭引抜試験工事		
発注者(事業者)	国土交通省近畿地方整備局	施工期間	2018 年 2 月
施工場所	兵庫県尼崎市東海岸町地先		
材料分類	スラリー材	用　途	遮水材
混合材料使用量	17 m³	石炭灰使用量	12 トン
工事概要	管理型海面最終処分場の底面粘性土遮水層に打設した鋼管杭の撤去後の埋戻遮水材として，同部に土質系遮水材を製造・打設．		

施工状況（図・写真等）

【配合表】

材料	水セメント比 W/C(%)	フライアッシュ FA(kg)	ベントナイト B(kg)	セメント C(kg)	繊維 v(kg)	海水 W(kg)	計 (t/m3)
基準配合	775	699.2	174.8	72.8	7.8	564.3	1.518.9
比重(t/m3)	比重(t/m3)	2.00	2.60	3.15	1.30	1.02	
体積(m3)	体積(m³)	0.350	0.067	0.024	0.006	0.553	1.000

【施工状況】

主要材料特性値：湿潤密度 1.53 g/cm³ 程度（重量測定法），シリンダフロー値 150 mm 程度，一軸圧縮強さ 100～1000 kN/m²，透水係数 3×10⁻⁹ m/s 以下

参考文献：山崎ら：フライアッシュを主材とした土質系遮水材 HCB-F, 電力土木, Vol.369, pp.92-94, 2014.1. ／ 日刊建設工業新聞等 2018.7/26

石炭灰混合材料　施工事例 27

工事名称	響灘 3 号埋立地建設工事（東南護岸工区）		
発注者(事業者)	電源開発株式会社	施工期間	2008 年 4 月〜2011 年 3 月
施工場所	福岡県北九州市若松区		
材料分類	スラリー材	用　途	遮水材
混合材料使用量	約 295,000 m³	石炭灰使用量	約 390,000 トン
工事概要	管理型海面最終処分場造成のための底面，および側面遮水材として適用.		

| 施工状況
（図・写真等） | 【配合表】 |

水粉体比 (%)	フライアッ シュ(kg/m³)	セメント (kg/m³)	海水 (kg/m³)	合計 (kg/m³)
37.4	1,097	122	456	1,675

【施工状況】

施工状況

スランプ試験（無添加）

スランプ試験（硫酸バン土添加直後）

施工図

スランプ値は，底面；20±2.5 cm,
側面部；10 cm で管理

主要材料特性値	湿潤密度 1.60〜1.70 g/cm³（重量測定法），スランプ値 20 cm もしくは 10cm 程度， 一軸圧縮強度 5〜10 N/mm² 程度（JIS A 1108），透水係数 1×10⁻¹⁰ m/s
参考文献	

●コンクリートライブラリー一覧●

号数：標題／発行年月／判型・ページ数／本体価格

第 1 号：コンクリートの話－吉田徳次郎先生御遺稿より－／昭.37.5 ／ B 5・48 p.

第 2 号：第 1 回異形鉄筋シンポジウム／昭.37.12 ／ B 5・97 p.

第 3 号：異形鉄筋を用いた鉄筋コンクリート構造物の設計例／昭.38.2 ／ B 5・92 p.

第 4 号：ペーストによるフライアッシュの使用に関する研究／昭.38.3 ／ B 5・22 p.

第 5 号：小丸川 PC 鉄道橋の架替え工事ならびにこれに関連して行った実験研究の報告／昭.38.3 ／ B 5・62 p.

第 6 号：鉄道橋としてのプレストレストコンクリート桁の設計方法に関する研究／昭.38.3 ／ B 5・62 p.

第 7 号：コンクリートの水密性の研究／昭.38.6 ／ B 5・35 p.

第 8 号：鉱物質微粉末がコンクリートのウォーカビリチーおよび強度におよぼす効果に関する基礎研究／昭.38.7 ／ B 5・56 p.

第 9 号：添えばりを用いるアンダーピンニング工法の研究／昭.38.7 ／ B 5・17 p.

第 10 号：構造用軽量骨材シンポジウム／昭.39.5 ／ B 5・96 p.

第 11 号：微細な空げきてん充のためのセメント注入における混和材料に関する研究／昭.39.12 ／ B 5・28 p.

第 12 号：コンクリート舗装の構造設計に関する実験的研究／昭.40.1 ／ B 5・33 p.

第 13 号：プレパックドコンクリート施工例集／昭.40.3 ／ B 5・330 p.

第 14 号：第 2 回異形鉄筋シンポジウム／昭.40.12 ／ B 5・236 p.

第 15 号：デイビダーク工法設計施工指針（案）／昭.41.7 ／ B 5・88 p.

第 16 号：単純曲げをうける鉄筋コンクリート桁およびプレストレストコンクリート桁の極限強さ設計法に関する研究／昭.42.5 ／ B 5・34 p.

第 17 号：MDC 工法設計施工指針（案）／昭.42.7 ／ B 5・93 p.

第 18 号：現場コンクリートの品質管理と品質検査／昭.43.3 ／ B 5・111 p.

第 19 号：港湾工事におけるプレパックドコンクリートの施工管理に関する基礎研究／昭.43.3 ／ B 5・38 p.

第 20 号：フライアッシュを混和したコンクリートの中性化と鉄筋の発錆に関する長期研究／昭.43.10 ／ B 5・55 p.

第 21 号：バウル・レオンハルト工法設計施工指針（案）／昭.43.12 ／ B 5・100 p.

第 22 号：レオバ工法設計施工指針（案）／昭.43.12 ／ B 5・85 p.

第 23 号：BBRV 工法設計施工指針（案）／昭.44.9 ／ B 5・134 p.

第 24 号：第 2 回構造用軽量骨材シンポジウム／昭.44.10 ／ B 5・132 p.

第 25 号：高炉セメントコンクリートの研究／昭.45.4 ／ B 5・73 p.

第 26 号：鉄道橋としての鉄筋コンクリート斜角げたの設計に関する研究／昭.45.5 ／ B 5・28 p.

第 27 号：高張力異形鉄筋の使用に関する基礎研究／昭.45.5 ／ B 5・24 p.

第 28 号：コンクリートの品質管理に関する基礎研究／昭.45.12 ／ B 5・28 p.

第 29 号：フレシネー工法設計施工指針（案）／昭.45.12 ／ B 5・123 p.

第 30 号：フープコーン工法設計施工指針（案）／昭.46.10 ／ B 5・75 p.

第 31 号：OSPA 工法設計施工指針（案）／昭.47.5 ／ B 5・107 p.

第 32 号：OBC 工法設計施工指針（案）／昭.47.5 ／ B 5・93 p.

第 33 号：VSL 工法設計施工指針（案）／昭.47.5 ／ B 5・88 p.

第 34 号：鉄筋コンクリート終局強度理論の参考／昭.47.8 ／ B 5・158 p.

第 35 号：アルミナセメントコンクリートに関するシンポジウム；付：アルミナセメントコンクリート施工指針（案）／ 昭.47.12 ／ B 5・123 p.

第 36 号：SEEE 工法設計施工指針（案）／昭.49.3 ／ B 5・100 p.

第 37 号：コンクリート標準示方書（昭和 49 年度版）改訂資料／昭.49.9 ／ B 5・117 p.

第 38 号：コンクリートの品質管理試験方法／昭.49.9 ／ B 5・96 p.

第 39 号：膨張性セメント混和材を用いたコンクリートに関するシンポジウム／昭.49.10 ／ B 5・143 p.

第 40 号：太径鉄筋 D 51 を用いる鉄筋コンクリート構造物の設計指針（案）／昭.50.6 ／ B 5・156 p.

第 41 号：鉄筋コンクリート設計法の最近の動向／昭.50.11 ／ B 5・186 p.

第 42 号：海洋コンクリート構造物設計施工指針（案）／昭和.51.12 ／ B 5・118 p.

第 43 号：太径鉄筋 D 51 を用いる鉄筋コンクリート構造物の設計指針／昭.52.8 ／ B 5・182 p.

第 44 号：プレストレストコンクリート標準示方書解説資料／昭.54.7 ／ B 5・84 p.

第 45 号：膨張コンクリート設計施工指針（案）／昭.54.12 ／ B 5・113 p.

第 46 号：無筋および鉄筋コンクリート標準示方書（昭和 55 年版）改訂資料【付・最近におけるコンクリート工学の諸問題に関する講習会テキスト】／昭.55.4 ／ B 5・83 p.

第 47 号：高強度コンクリート設計施工指針（案）／昭.55.4 ／ B 5・56 p.

第 48 号：コンクリート構造の限界状態設計法試案／昭.56.4 ／ B 5・136 p.

第 49 号：鉄筋継手指針／昭.57.2 ／ B 5・208 p.／ 3689 円

第 50 号：鋼繊維補強コンクリート設計施工指針（案）／昭.58.3 ／ B 5・183 p.

第 51 号：流動化コンクリート施工指針（案）／昭.58.10 ／ B 5・218 p.

第 52 号：コンクリート構造の限界状態設計法指針（案）／昭.58.11 ／ B 5・369 p.

第 53 号：フライアッシュを混和したコンクリートの中性化と鉄筋の発錆に関する長期研究（第二次）／昭.59.3 ／ B 5・68 p.

第 54 号：鉄筋コンクリート構造物の設計例／昭.59.4 ／ B 5・118 p.

第 55 号：鉄筋継手指針（その 2）－鉄筋のエンクローズ溶接継手－／昭.59.10 ／ B 5・124 p. ／ 2136 円

●コンクリートライブラリー一覧●

●コンクリートライブラリー一覧●

定価 2,970 円（本体 2,700 円＋税 10%）

コンクリートライブラリー159
石炭灰混合材料を地盤・土構造物に利用するための技術指針（案）

令和 3 年 3 月 18 日　第 1 版・第 1 刷発行

編集者……公益社団法人　土木学会　コンクリート委員会
　　　　　石炭灰混合材料の設計施工および環境安全性評価に関する研究小委員会
　　　　　委員長　久田　真
発行者……公益社団法人　土木学会　専務理事　塚田　幸広

発行所……公益社団法人　土木学会
　　　　　〒160-0004　東京都新宿区四谷 1 丁目（外濠公園内）
　　　　　TEL　03-3355-3444　FAX　03-5379-2769
　　　　　http://www.jsce.or.jp/
発売所……丸善出版株式会社
　　　　　〒101-0051　東京都千代田区神田神保町 2-17　神田神保町ビル
　　　　　TEL　03-3512-3256　FAX　03-3512-3270

©JSCE2021／Concrete Committee
ISBN978-4-8106-0994-3
印刷・製本・用紙：（株）報光社

オンライン土木博物館

ドボ博
DOBOHAKU
www.dobohaku.com

オンライン土木博物館「ドボ博」は、ウェブ上につくられた全く新しいタイプの博物館です。

ドボ博では、「いつものまちが博物館になる」をキャッチフレーズに、地球全体を土木の博物館に見立て、独自の映像作品、貴重な図版資料、現地に誘う地図を巧みに融合して、土木の新たな見方を提供しています。

展示内容の更新や「学芸員」のブログ、関連イベントなどの最新情報をドボ博フェイスブックでも紹介しています。

 www.dobohaku.com

 www.facebook.com/dobohaku

写真：「東京インフラ065 羽田空港」より　撮影：大村拓也

あらゆる境界をひらき
持続可能な社会の礎を築く

公益社団法人 土木學會
Japan Society of Civil Engineers
JSCE